超時短 InDesign

文字組み＆レイアウト速攻アップ！

InDesign CC 2018:Support for endnotes / Paragraph borders / Object Styles enhancements / Text management in Creative Cloud Libraries / Font filtering / Ability to find similar fonts / HTML export improvements / Tools to start projects faster / Stability enhancements / OpenType enhancements / Arrowhead scale control / Easier Adobe Stock search / New Creative Cloud Libraries capabilities / Creative Cloud Assets improvements / Introducing Typekit Marketplace / Animate CC integration / Updated Libraries panel / In-app Adobe Stock purchases / Improved, modern UI / GPU performance and animated zoom / Shared network protection / Adobe Portfolio to showcase your work / And so much more...

森 裕司 著

技術評論社

ご購入・ご利用前に必ずお読みください

●本書記載の内容は、2017年12月1日現在の情報です。そのため、ご利用時には変更されている場合もあります。また、アプリケーションはバージョンアップされる場合があり、本書での説明とは機能内容や画面図などが異なることもあり得ます。本書ご購入の前に必ずアプリケーションのバージョン番号をご確認ください。

● InDesignについては、執筆時点の最新バージョンCC 2018で解説しています。

●本書に記載された内容は、情報の提供のみを目的としています。本書の運用については、必ずお客様自身の責任と判断によって行ってください。これらの情報の運用の結果について、技術評論社および著者はいかなる責任も負いかねます。また、本書の内容を超えた個別のトレーニングにあたるものについても、対応できかねます。あらかじめご承知おきください。

●サンプルファイルの利用は、必ずお客様自身の責任と判断によって行ってください。これらのファイルを使用した結果生じたいかなる直接的・間接的損害も、技術評論社、著者、プログラムの開発者、ファイルの制作に関わったすべての個人と企業は、一切その責任を負いかねます。

以上の注意事項をご承諾いただいた上で、本書をご利用願います。これらの注意事項をお読みいただかずに、お問い合わせいただいても、技術評論社および著者は対処しかねます。あらかじめ、ご承知おきください。

本文中に記載されている製品の名称は、一般にすべて関係各社の商標または登録商標です。

はじめに

2001年にリリースされた InDesign 日本語版も、CC 2018で13番目のバージョンとなりました。最近は印刷物制作の機能だけでなく、電子書籍やWeb関連の機能もいろいろと追加されてきていますが、やはり、InDesign は印刷物制作に威力を発揮するアプリケーションです。ページのコントロールはもちろん、文字組みもかなり高度にコントロールでき、安全に出力するための機能もいろいろと用意されています。とはいえ、高機能ゆえ意外と知られていない使い方が多いのも事実です。本書では、作業時間の短縮に繋がるちょっとした機能や、修正に強いデータ制作に繋がる使い方など、仕事に役立つ数多くの"効率ワザ"を紹介しています。1つでも多く"効率ワザ"をマスターして、時短に繋げてください。

そして、Crestive Cloud メンバーが利用することのできるまざまなサービスも活用してください。CC ライブラリをはじめ、Adobe Stock や Typekit、Market 等、仕事に役立ついろいろなサービスも用意されています。これらのサービスを利用することでも大きなメリットを受けることができます。他のアプリケーションとの連携はもちろん、Crestive Cloud のサービスも使いこなして、快適な作業環境を構築してください。

なお、筆者は『InDesign の勉強部屋』というサイトを運営しています。このサイトでも、InDesign の使い方をいろいろと紹介しています。ぜひ、筆者のサイトにも目を通してみてください。
https://study-room.info/id/

PS: 2017年10月にリリースされたバージョンの正式な名称は、InDesign CC 2017 年 10 月リリース（バージョン 13.0）ですが、本書では CC 2018と表記しています。

2017年12月
森 裕司

本書の使い方

本書は InDesign の文字組みとレイアウト作業に関する、知っておくと作業の効率が上がる Tips を作例を用いて紹介しています。覚えておくと時間短縮になるマスターページのしくみや作り方からはじまり、修正に強い文字や段落スタイルの作成方法、画像や図のようなオブジェクトを効率的に操作する方法、ドキュメントの管理の仕方を実例で説明しています。

InDesignのバージョンについて

InDesign は執筆時点の最新バージョン CC 2018で解説しています。サブスクリプション（定期利用）プランである CC（Creative Cloud）は随時バージョンアップされており、新しい機能が追加されています。新機能は作業の効率化に結びつくものが多いため、古いバージョンで使用されている場合は、最新版の利用をおすすめします。

CS6以前のバージョンでは利用できない機能が含まれてる場合があります。例えば Tip20「段落に対して背景オブジェクトを作成したい」で紹介している［段落の囲み罫と背景色］は、CC 2018から追加された機能です。

もし Tips がお使いのバージョンで利用できない場合、以降に追加された機能の可能性があります。InDesign のバージョンアップの時期ごとの新機能はアドビシステムズ株式会社の Web サイト https://helpx.adobe.com/jp/indesign/using/whats-new.html で紹介されています。ご確認のうえ、最新版をご検討ください。

キー表記について

本書では macOS を使って解説をしています。掲載した InDesign の画面とショートカットキーの表記は macOS のものですが、Windows でも（小さな差異はあっても）同様ですので問題なく利用することができます。ショートカットで用いる機能キーについては、macOS と Windows は以下のように対応しています。本書でキー操作の表記が出てきたときは、Windows では次のとおり読み替えて利用してください。

macOS		Windows
⌘ (command)	=	Ctrl
Option	=	Alt
Return	=	Enter
Control ＋クリック	=	右クリック

作例ファイルについて

本書で使用している作例ファイルはサンプルとして利用できるようになっています。弊社ウェブサイトからダウンロードできますので、以下のURLから本書のサポートページを表示してダウンロードしてください。その際、下記のIDとパスワードの入力が必要になります。

http://gihyo.jp/book/2018/978-4-7741-9552-0/support

[ID] jitanid　　　　　　　　[Password] sample

ダウンロードしたファイルは著作権法によって保護されており、本書の購入者が本書学習の目的にのみ利用することを許諾します。それ以外の目的に利用すること、二次配布することは固く禁じます。また購入者以外の利用は許諾しません。

ファイル容量が大きいため、ダウンロードには時間がかかる場合があります。またご利用のインターネット環境（Wi-Fiなどの無線LAN）や時間帯により、うまくダウンロードできないことがありますので、その場合は異なる環境を試したり、時間を空けて再度お試しください。

作例ファイルは任意のダウンロードサービスです。
ご利用についてはご自身の判断、責任で行っていただきますよう、お願いいたします。
お使いのPCおよびインターネット環境下でのダウンロードの不具合に関するお問い合わせは、ご遠慮ください。

アプリケーションについてのご注意

●本書では、デスクトップアプリケーションのInDesignを使用して解説を行っています。Adobe InDesign CCアプリケーションはご自身でご用意ください。Adobe Creative CloudおよびAdobe InDesignをはじめとした製品版または体験版（7日間無償）のダウンロード、インストール方法については、以下のアドビ システムズ社のWebサイトを参照ください。

　◆ Creative Cloud アプリケーションのダウンロードとインストール
　https://helpx.adobe.com/jp/creative-cloud/help/download-install-app.html

●アプリケーションの不具合や技術的なサポートが必要な場合は、アドビ システムズ株式会社のWebサイトをご参照ください。

　◆アドビサポート
　https://helpx.adobe.com/jp/support.html

よく使うショートカットキー・操作一覧

▶ 基本操作・ドキュメント関連

⌘+Z	（直前の操作の）取り消し
⌘+Shift+Z	やり直し
⌘+K	[環境設定]ダイアログボックスを表示する
⌘+R	[定規]を表示する
⌘+N	[新規ドキュメント]ダイアログボックスを表示する
⌘+Shift+クリック	マスターオブジェクトをオーバーライドする
⌘+Option+Shift+N	（テキストボックス作成後）[現在のページ番号]を設定する
⌘+J	[ページへ移動]ダイアログボックスを表示する

▶ パネル表示関連

⌘+T	[文字]パネルを表示する
⌘+Option+T	[段落]パネルを表示する
⌘+F	[検索・置換]ダイアログボックスを表示する
⌘+D	[配置]ダイアログボックスを表示する
Option+⌘+Shift+J	[ジャスティフィケーション]ダイアログボックスを表示する
Option+⌘+J	[段落境界線]ダイアログボックスを表示する
Option+⌘+K	[圏点]ダイアログボックスを表示する
Option+⌘+R	[ルビ]ダイアログボックスを表示する

▶ オブジェクト操作関連

Option+ドラッグ	選択ツール（ダイレクト選択ツール）で選択オブジェクトを移動しながら複製する
⌘+G	選択したオブジェクトをグループ化する
⌘+Shift+G	選択したオブジェクトのグループ化を解除する
⌘+（Shift）+]	選択したオブジェクトの重ね順を前面（最前面）にする
⌘+（Shift）+[	選択したオブジェクトの重ね順を背面（最背面）にする

▶ 画面表示・操作関連

⌘ + +	ズームインする
⌘ + -	ズームアウトする
⌘ + 0	ページ全体を表示する
⌘ + 1	100%表示にする
Space	一時的に手のひらツールに切り替える
W	標準モードとプレビューモードを切り替える
Tab	すべてのパネルの表示／非表示を切り替える
Shift + Tab	ツールパネル・コントロールパネル・アプリケーションバー以外のパネルの表示／非表示を切り替える

▶ カラー関連

X	「塗り」と「線」を切り替える
/	カラーを「なし」に設定する
Shift + X	「塗り」と「線」のカラーを入れ替える
J	フレームとテキストのカラー設定を切り替える

▶ テキスト編集関連

⌘	テキスト編集中に一時的に選択ツールに切り替える
esc	テキスト編集中に文字ツールから選択ツールに切り替える
Option	テキスト編集中に一時的に手のひらツールに切り替える
選択ツールでテキストフレームをダブルクリック	選択ツールから文字ツールへ持ち替える
文字ツールでダブルクリック	単語を選択する
文字ツールでトリプルクリック	行を選択する
文字ツールで4回クリック	段落を選択する
Shift + Return	強制改行する
Shift + ⌘ + V	フォーマットなしでペーストする
⌘ + Y	ストーリーエディターで編集する
⌘ + ¥ (Windowsは + Ctrl + \ )	「ここまでインデント」文字を挿入する
Option + (段落スタイル名を)クリック	段落スタイルを適用したテキストのオーバーライドを消去する

ショートカットキーは初期設定のものです。[編集]メニュー→[キーボードショートカット]より設定および確認ができます。Windowsのショートカットキーの読み替えについてはp.4をご覧ください。

Contents

はじめに … 3
本書の使い方 … 4
よく使うショートカットキー・操作一覧 … 6

Part 1 マスターページの効率ワザ … 11

- Tip 01 → マスターページの基本 … 12
- Tip 02 → マスターオブジェクトを編集したい … 18
- Tip 03 → マスターオブジェクトが隠れないようにしたい … 19
- Tip 04 → 自動で反映される柱を設定したい … 20
- Tip 05 → 効率良くツメを設定したい … 22
- Tip 06 → 他のドキュメントにマスターページを適用したい … 25

Part 2 画像・オブジェクト・カラーの効率ワザ … 27

- Tip 07 → テキストやオブジェクトのカラーを一気に変えたい … 28
- Tip 08 → 罫線の太さ、カラーを一気に変更したい … 30
- Tip 09 → 正確な角丸を作成したい … 34
- Tip 10 → 同じサイズで等間隔のオブジェクトを一気に作成したい … 36
- Tip 11 → 画像を同じサイズで一気に配置したい … 38
- Tip 12 → 画像をフレームにフィットさせながら配置したい … 40
- Tip 13 → 複数の画像に一気にキャプションを設定したい … 42
- Tip 14 → アタリ画像を一気に差し替えたい … 44
- Tip 15 → 後から一気に修正可能なオブジェクトを複製する❶ … 46
- Tip 16 → 後から一気に修正可能なオブジェクトを複製する❷ … 49
- Tip 17 → グループワークで使用するオブジェクトを手軽に共有したい … 52
- Tip 18 → テキストに連動して動くオブジェクトを作成したい … 54

Tip	19	→	テキスト量に応じて可変する背景オブジェクトを作成したい	58
Tip	20	→	段落に対して背景オブジェクトを作成したい	61
Tip	21	→	配置画像のカラーをオブジェクトに適用したい	65

Part 3　テキストの効率ワザ[一般編]

67

Tip	22	→	文字・段落の基本	68
Tip	23	→	特定のテキストフレームのみ、回り込みを解除したい	78
Tip	24	→	書式の異なるフレームグリッドを素早く使い分けたい	79
Tip	25	→	欧文と日本語で異なるフォントを適用したい	81
Tip	26	→	テキストフレームをテキストがぴったり収まるサイズにしたい	84
Tip	27	→	テキストの量に応じてテキストフレームを可変させたい	86
Tip	28	→	テキストの量に応じてページを自動的に増減させたい	89
Tip	29	→	条件に応じて文字を詰めたい	92
Tip	30	→	連結したテキストフレームをバラバラにしたい	98
Tip	31	→	表中テキストを素早く差し替えたい	101
Tip	32	→	日付などの数字の桁数を揃えたい	105
Tip	33	→	2倍ダーシを美しく組みたい	107
Tip	34	→	引用符を思い通りに組みたい	109
Tip	35	→	同じようなデザインのフォントを素早く探したい	112
Tip	36	→	文字に対して素早く囲み罫を設定したい	115
Tip	37	→	欧文を美しく組みたい	117

Part 4 テキストの効率ワザ[スタイル編] 119

Tip 38	→	複数の段落スタイルを一気にテキストに適用したい	120
Tip 39	→	段落先頭から任意の文字まで自動で文字スタイルを適用したい	122
Tip 40	→	条件に応じて自動的に文字スタイルを適用したい	128
Tip 41	→	複数のオブジェクトの見栄えをまとめてコントロールしたい	132
Tip 42	→	オブジェクトスタイルでサイズが可変するテキストフレームを実現したい	136
Tip 43	→	キーボード操作で一気にスタイルを適用したい	138
Tip 44	→	マーキングを基に一気にスタイルを適用したい	139
Tip 45	→	WordのスタイルをInDesignのスタイルに置換して読み込みたい	142
Tip 46	→	スタイルが適用された状態でテキストを流し込みたい	144

Part 5 ドキュメント・ファイルの効率ワザ 147

Tip 47	→	ドキュメント・ファイルの基本	148
Tip 48	→	作成したバージョンでInDesignを起動する	151
Tip 49	→	下位バージョンのInDesignでファイルを開けるようにしたい	153
Tip 50	→	ショートカットのないコマンドにショートカットを割り当てたい	154
Tip 51	→	お気に入りのパネルの表示を素早く呼び出したい	156
Tip 52	→	等間隔にガイドを引きたい	158
Tip 53	→	見開きからページをスタートしたい	160
Tip 54	→	よく使うPDFの書き出し設定を保存したい	162
Tip 55	→	エラーになっている箇所を素早く探したい	164
Tip 56	→	リンクしたファイルをすべて収集したい	167
Tip 57	→	ドキュメントをオンラインで公開したい	169
Tip 58	→	分割して作成したドキュメントを一括管理したい	172
Tip 59	→	更新可能な目次を作成したい	175
Tip 60	→	更新可能な索引を作成したい	178
Tip 61	→	複数のデザイン案を1つのドキュメントで素早く作成したい	182

用語索引 / 目的引き索引　187

マスターページの効率ワザ

Part 1　マスターページの効率ワザ

Tip 01 マスターページの基本

ノンブルや柱といったアイテムは、ページごとに作成していては手間もかかり、修正も大変です。そこで、各ページに共通するアイテムは、マスターページ上に作成します。これにより、ノンブルや柱、共通するデザインパーツ等をドキュメントページに自動的に表示させることが可能となります。マスターページの機能は、ページレイアウトソフトには欠かせない機能なのです。なお、マスターページは複数作成して運用することも可能です。

ノンブルの作成方法

ノンブル（ページ番号）は、マスターページ上に設定することで、自動的に生成することが可能です。

1 目的のマスター名（あるいはマスターアイコン）をダブルクリックして、マスターページに移動します。ここでは「A-マスター」に移動しました。

2 文字ツールでノンブル用のテキストフレームを作成し、キャレットを表示します。なお、テキストフレームはノンブルの桁数が大きくなってもあふれないよう、大きめに作成しておきます。

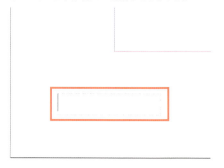

3 [書式]メニューから[特殊文字の挿入]→[マーカー]→[現在のページ番号]を選択します。ショートカットは Option (Alt)＋ Shift ＋ ⌘ (Ctrl)＋ N です。

4 すると、「A」と入力されます。この「A」は、文字としての「A」ではなく、「A-マスター」に作成したことをあらわす特殊文字です。「B-マスター」上に作成すれば「B」と表示されます。

5 この特殊文字に対して、実際にノンブルとして適用したい書式を設定します。

6 同様の手順で、対向ページにもノンブルを設定します。

7 ドキュメントページ(ここでは1ページ)に移動すると、ちゃんとノンブルが反映されているのを確認できます。

8 ノンブルは、基本的に1ページ目からスタートしますが、任意のページ番号を付けたい場合には、そのページアイコンを選択した状態で[ページ]パネルのパネルメニュー❶から[ページ番号とセクションの設定]を選択します❷。

9 [ページ番号とセクションの設定]ダイアログが表示されるので、[ページ番号割り当てを開始]をオンにし❶、使用したいページ番号を入力します❷。ここでは「5」としました。また、[スタイル]では、プルダウンメニューから使用したいスタイルを選択します❸。

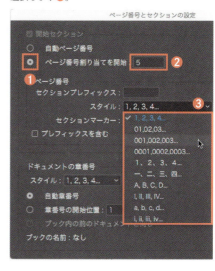

10 [OK]ボタンをクリックすると、入力したページ番号が反映されます。

柱の作成方法

柱（セクションマーカー）もマスターページ上に作成することで、自動的に生成することができます。ただし、ノンブルと違うのは、柱として使用する文言を指定する必要がある点です。

1. 目的のマスター名(あるいはマスターアイコン)をダブルクリックして、マスターページに移動します。ここでは「A-マスター」に移動しました。

2. 文字ツールで柱用のテキストフレームを作成し、キャレットを表示します。なお、テキストフレームは柱の文字数が増えてもあふれないよう、大きめに作成しておきます。

3. [書式]メニューから[特殊文字の挿入]→[マーカー]→[セクションマーカー]を選択します。

4. 「セクション」と入力されます。この「セクション」は、柱をあらわす特殊文字です。

5. この特殊文字に対して、実際に柱として適用したい書式を設定します。

6 ドキュメントページ(ここでは1ページ)に移動すると、柱用のテキストフレームが点線で表示されていますが、まだ文字は表示されていません。柱として使用するテキストを指定する必要があるからです。

7 [ページ]パネルのパネルメニュー❶から[ページ番号とセクションの設定]を選択します❷。

8 [ページ番号とセクションの設定]ダイアログが表示されるので、[セクションマーカー]のフィールドに柱として表示したい文言を入力し、[OK]ボタンをクリックします。

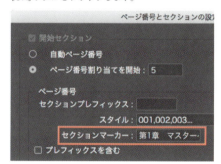

9 入力したテキストが柱として反映され、これ以降のスプレッド(見開き)すべてに同じ柱が適用されます。

第1章　マスターページの基本

柱の文言を変更する方法

1 章が変わるなどして、柱に異なる文言を使用したい場合には、柱を切り替えるページのアイコンを選択した状態で❶、[ページ]パネルのパネルメニュー❷から[ページ番号とセクションの設定]を選択します❸。

2 [ページ番号とセクションの設定]ダイアログが表示されるので、[セクションマーカー]のフィールドに柱として表示したい文言を入力し、[OK]ボタンをクリックします。

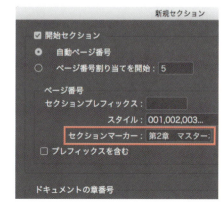

3 入力したテキストが柱として反映され、選択しているスプレッド(見開き)以降のページに新しい柱が適用されます。

第2章　マスターオブジェクトを編集したい

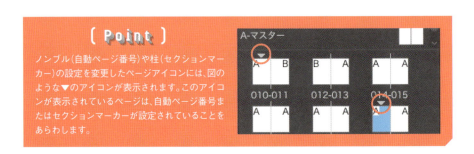

(Point)
ノンブル(自動ページ番号)や柱(セクションマーカー)の設定を変更したページアイコンには、図のような▼のアイコンが表示されます。このアイコンが表示されているページは、自動ページ番号またはセクションマーカーが設定されていることをあらわします。

マスターページを追加する

マスターページは、目的に応じて複数作成して運用することができます。「第1章」「第2章」「第3章」といったように、章によってカラーやデザインが変わるようなケースでは、必要な数だけマスターページを追加して運用すると良いでしょう。

1 新たにマスターページを追加したい場合には、[ページ]パネルのパネルメニュー❶から[新規マスター]を選択します❷。

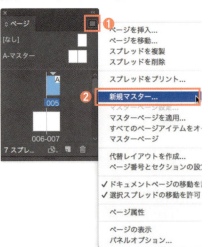

2 [新規マスター]ダイアログが表示されるので、各項目を設定し、[OK]ボタンをクリックします。なお、個別のマスターページを作成したい場合には、[基準マスター]を[なし]に、親子関係を持つマスターページを作成したい場合には、[基準マスター]に親とするマスターページを選択します(たとえば[Aマスター]など)。親子関係を持つマスターページを作成すると、より高度なマスター運用が可能となります。

③ 新規でマスターページが追加されます。

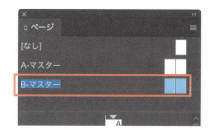

任意のマスターページをページとして追加する

① 新しいマスターページが適用されたドキュメントページを追加したい場合には、目的のマスターページのアイコン❶をページアイコンの前後にドラッグすれば❷、ドラッグした場所に追加されます❸。

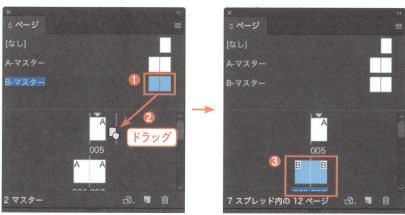

異なるマスターページを適用する

① 現在、ドキュメントページに適用されているマスターページを別のマスターページに変更したい場合には、目的のマスターページのアイコン❶をページアイコンの上にドラッグして重ねます❷。

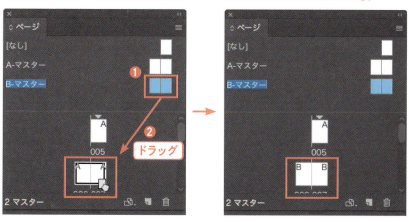

Part 1　マスターページの効率ワザ

Tip 02

マスターオブジェクトを編集したい

↓

［ マスターオブジェクトをオーバーライドする ］

InDesignでは、マスターページ上に作成したオブジェクトは、ドキュメントページ上では編集できない仕様となっています。これは、誤ってマスターオブジェクトを動かしてしまうミスを避けるためですが、特定のページにおいて編集したいケースが出てきます。このような場合、マスターオブジェクトをオーバーライドすることで編集可能になります。

1 ⌘（Ctrl）＋Shiftキーを押しながら、ドキュメント上の編集したいマスターオブジェクトをクリックします。

2 すると、そのマスターオブジェクトがオーバーライドされ、選択できるようになります。あとは目的に応じて編集します。

(Point)

マスターオブジェクトをオーバーライドしても、マスターページとの連携が切れるわけではありません。例えば、オーバーライドしたマスターページオブジェクトのカラーを変更した場合は、位置や形など、カラー以外の属性はマスターページとリンクされたままです。オーバーライドを消去して、元の状態に戻したい場合には、そのオブジェクトを選択した状態で、[ページ]パネルのパネルメニューから[マスターページ]→[指定されたローカルオーバーライドを削除]を実行します。

Part 1　マスターページの効率ワザ

Tip 03

マスターオブジェクトが隠れないようにしたい

⬇

[マスターオブジェクトをレイヤー管理する]

ドキュメントページ上で作業した際に、マスターページ上に作成したノンブル等のオブジェクトが隠れてしまうケースが出てきます。これは、マスターページは、ドキュメントページの背面に重なる仕様となっているためです。マスターオブジェクトが隠れないようにするには、マスターオブジェクトをレイヤーで管理します。

1 図では、画像を配置したことで、マスターページ上に作成したノンブルが隠れてしまっています。

2 まず、[ページ]パネルで目的のマスター名あるいはマスターアイコン(図では「A-マスター」)をダブルクリックして、マスターページに移動します。

3 [レイヤー]パネルで新規レイヤーを作成し、一番上に移動させたら、マスターページ上のオブジェクトをすべて選択し、一番上のレイヤー内に移動させます(目的のオブジェクトをカットし、移動させたいレイヤーを選択した状態で、[編集]メニューから[元の位置にペースト]を実行すると、同じ位置にコピーできます)。

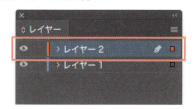

4 隠れていたマスターオブジェクトが表示されます。

Part 1　マスターページの効率ワザ

Tip 04

自動で反映される柱を設定したい

⬇

[テキスト変数を使用して、柱を自動生成させる]

テキスト変数の機能を使用することで、任意の段落スタイルが適用されたテキストから柱を自動生成させることができます。ただし、柱として使用するテキストには、同一の段落スタイルが適用されており、かつ関係ないテキストにその段落スタイルが適用されていないことが条件となります。

1 柱を自動生成させるためには、その文言に対して同一の段落スタイルが適用されている必要があります。ここでは、「見出し」という段落スタイルが適用されたテキストから、柱を生成してみます。

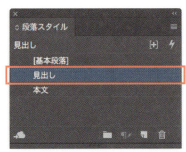

2 まず、[書式]メニューから[テキスト変数]→[定義]を選択します。

3 [テキスト変数]ダイアログが表示されるので、[ランニングヘッド・柱]を選択して❶、[編集]ボタンをクリックします❷。

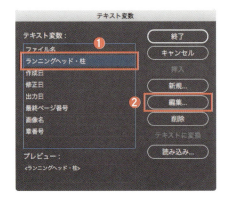

4　[テキスト変数を編集]ダイアログが表示されるので、[スタイル]に柱として使用したいテキストに適用している段落スタイルを選択し❶、[OK]ボタンをクリックします❷。なお、[先行テキスト]や[後続テキスト]を指定することも可能です。

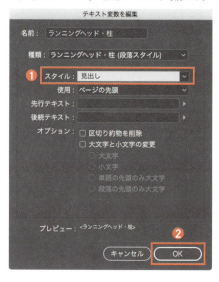

5　マスターページ上に、柱として使用するテキスト変数用のテキストフレームを作成し、書式を設定します。

6　テキストフレーム内をクリックしてキャレットを表示し、[書式]メニューから[テキスト変数]→[変数を挿入]→[ランニングヘッド・柱]を選択します。

7　ドキュメントページに移動すると、指定した段落スタイルから、自動的に柱が生成されているのが確認できます。なお、生成された柱は、テキスト変数により生成される次の柱のページまで、常に同じ柱が表示されます。

8　元のテキストを修正すると❶、柱のテキストも自動的に修正されるのが分かります❷。また、指定した段落スタイルが適用されている別のページにくると、柱の文言も自動的に切り替わります。

Part 1　マスターページの効率ワザ

効率良くツメを設定したい

[マルチプルマスターページの機能を使って作成する]

まず、基本的なツメのデザインパーツをベース（親）となるマスターページ上に作成し、そのマスターページを親とする「子のマスターページ」をツメの数だけ追加します。あとは、追加した各マスターページ上に各セクションごとのツメのデザインをしていきます。

1 まず、マスターページに移動し、ツメの基本的なデザインをします。ここでは「A-マスター」に移動し、図のようなツメのデザインをしました。もちろん、ノンブルや柱の設定も行っておきます。

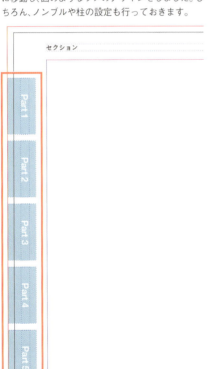

2 [ページ]パネルのパネルメニュー❶から[新規マスター]を選択します❷。

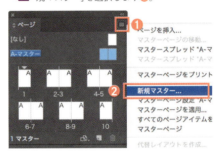

3 [新規マスター]ダイアログが表示されるので、[基準マスター]に「A-マスター」を選択し、[OK]ボタンをクリックします。なお、[プレフィックス]は4文字以内なら自由に変更可能です。

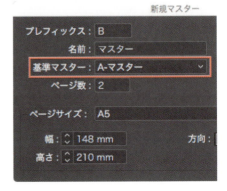

22

4 ［ページ］パネルに新しいマスターページ「B-マスター」が追加されます。

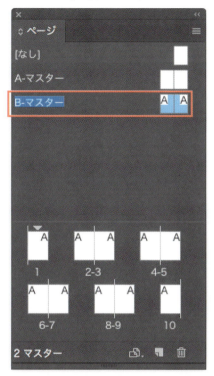

5 同様の手順で、「A-マスター」を基準マスター（親）とする子のマスターページを計5つ作成しました。

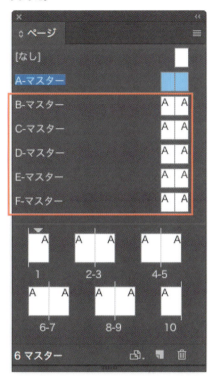

(Point)

各マスターページの[基準マスター]に何が適用されているかは、アイコンの表示を見ると分かります。アイコンに「A」と表示されていれば、「A-マスター」が[基準マスター]となります。

6 「B-マスター」に移動し、ツメで変化する部分を作成します。図では、「Patr 1」のテキストと、その背景（濃い青色）を作成しました。

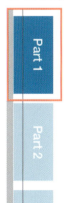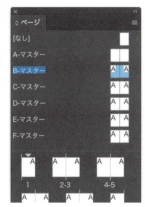

7 同様の手順で、「C-マスター」から「F-マスター」にも、ツメで変化する部分を作成します❶〜❹。あとは、各ページに対して、対応するマスターページを適用すればOKです。

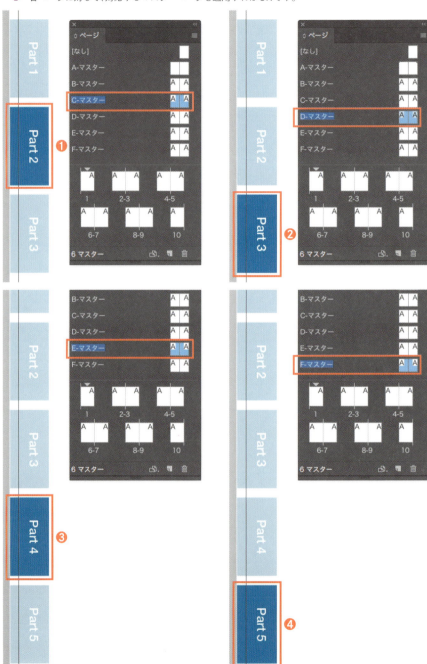

Part 1　マスターページの効率ワザ

Tip 06

他のドキュメントにマスターページを適用したい

↓

マスターページの読み込みを実行する

一度作成したマスターページは、他のドキュメントに読み込んで使用することが可能です。［ページ］パネルから実行する方法と、マスターアイコンをドラッグする方法があります。

1 まず、マスターページの読み込み先ドキュメントを開き、［ページ］パネルのパネルメニューから［マスターページ］→［マスターページの読み込み］を実行します。

2 ［開く］ダイアログが表示されるので、読み込みたいマスターページがあるドキュメントを選択し、［開く］ボタンをクリックします。

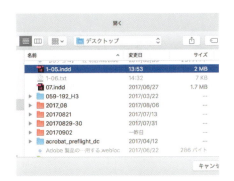

3 この時、読み込み元と読み込み先のドキュメントに同じ名前のマスターページがあると、図のようなアラートが表示されます。同じ名前のマスターページがなければ、アラートは表示されず、そのまま読み込まれます。

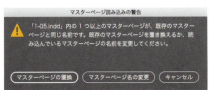

4 なお、読み込み元と読み込み先のドキュメントのサイズが異なる場合には、図のようなアラートが表示され、ページアイテムの位置が異なって読み込まれるので注意が必要です。

5 また、マスターページのページアイテムをドラッグすることでも、マスターページを読み込むことができます。その場合、読み込み元と読み込み先のドキュメントの両方を開いた状態で、読み込み元のマスターアイコン❶を読み込み先のドキュメント上にドラッグしてマウスを離します❷。

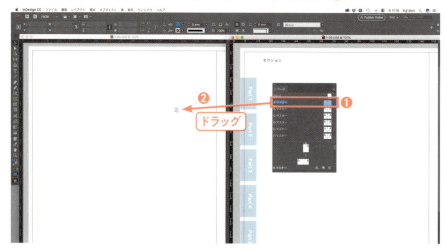

6 すると、ドラッグしたマスターページが、読み込み先のドキュメントに新しいマスターページとして読み込まれます。

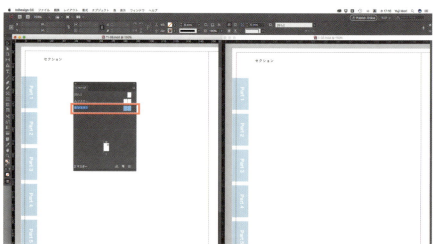

(Point)

[ページ]パネルのパネルメニューから[マスターページの読み込み]を実行した場合には、読み込み元のドキュメントのマスターページがすべて読み込まれるのに対し、マスターアイコンをドラッグした場合には、任意のマスターページのみを読み込むことができます。

(Part)

2

画像・オブジェクト・カラーの効率ワザ

Part 2　画像・オブジェクト・カラーの効率ワザ

テキストやオブジェクトのカラーを一気に変えたい

[スウォッチのカラーを変更する]

InDesignでは、スウォッチ自体のカラーを変更することで、そのスウォッチを適用しているオブジェクトのカラーすべてを一気に変更することが可能です。あとからカラーが変更になる可能性がある場合には、スウォッチを使用してカラーリングしておきましょう。

1 同じスウォッチを適用した複数のオブジェクトがあります。

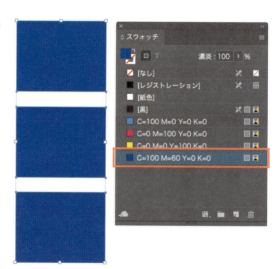

2 選択を解除し、[スウォッチ]パネルで目的の(カラーを変更したい)スウォッチをダブルクリックして[スウォッチ設定]ダイアログを表示させます。

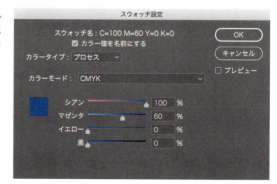

3 カラーの内容を変更し❶、[OK]ボタンをクリックします❷。

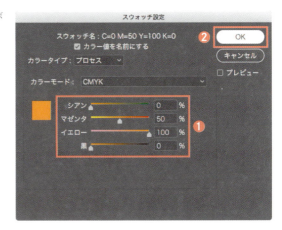

4 そのスウォッチを適用していたすべてのオブジェクトのカラーが変更されます。

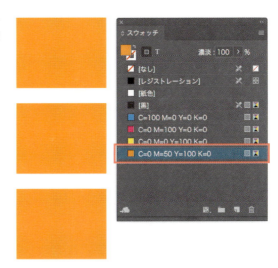

(Point)

InDesignでは、スウォッチを適用したオブジェクトのカラーを[カラー]パネル等から変更すると、元のスウォッチとのリンクは外れます。なお、InDesignのスウォッチは、Illustratorでいうところのグローバルスウォッチと同じ動作をします。

罫線の太さ、カラーを一気に変更したい

[検索と置換]の機能を使って変更する

InDesignの[検索と置換]の機能は強力です。線の太さや、カラーをはじめ、ドロップシャドウの効果など、オブジェクトのさまざまな属性を検索することができ、他の属性に置換することが可能です。

罫線の太さを変更する

1 図のようなドキュメントから、任意の線の太さのオブジェクトを検索し、異なる線幅に変更してみましょう。

2 まず、[編集]メニューから[検索と置換]を実行します。

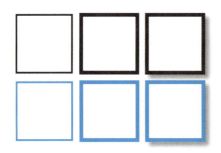

3 [検索と置換]ダイアログが表示されるので、[オブジェクト]タブを選択し❶、[検索する属性を指定]ボタンをクリックします❷。

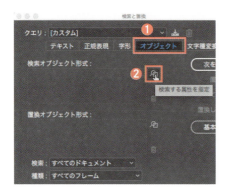

(Point)

[検索と置換]ダイアログでは、検索したい項目のみを指定し、その他の項目は空欄にしておくことで、指定した項目にマッチするオブジェクトすべてをヒットさせることができます。

4 [検索オブジェクト形式オプション]ダイアログが表示されるので、[基本属性]の[線]を選択し①、[線幅]を指定します②。ここでは「2mm」としました。

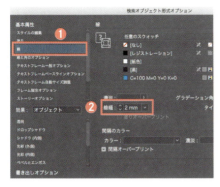

5 [OK]ボタンをクリックすると[検索と置換]ダイアログに戻るので、今度は[変更する属性を指定]ボタンをクリックします。なお、[検索オブジェクト形式]に表示されている値が間違っていますが、ちゃんと「2mm」と指定されているので安心してください。

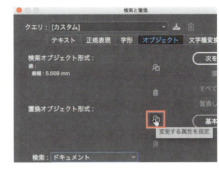

6 [置換オブジェクト形式オプション]ダイアログが表示されるので、[基本属性]に[線]を選択し①、[線幅]を指定します②。ここでは「1mm」としました。

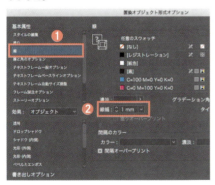

7 [OK]ボタンをクリックすると[検索と置換]ダイアログに戻るので、[すべてを置換]をクリックします①。なお、1つずつ確認しながら置換したい場合には、[次を検索]をクリックします②。

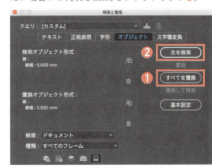

8 いくつ置換されたかのダイアログが表示されるので、[OK]ボタンをクリックします。条件にマッチするドキュメント内のすべての線の太さが置換されます。

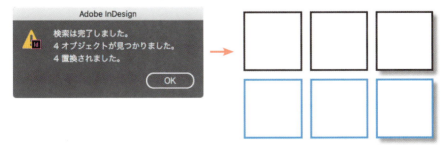

カラーを変更する

1 最初の状態に戻り、今度は線のカラーを置換してみましょう。前項と同様の手順で、[検索オブジェクト形式オプション]ダイアログと[置換オブジェクト形式オプション]ダイアログを設定します。ここでは、C=100の線のカラー❶をM=100に変更する設定❷になっています。

2 [検索オブジェクト形式オプション]ダイアログと[置換オブジェクト形式オプション]ダイアログを設定すると、[検索と置換]ダイアログは図のような設定となっているので、置換を実行します。

3 いくつ置換されたかのダイアログが表示されるので、[OK]ボタンをクリックします。条件にマッチするドキュメント内のすべてのカラーが置換されます。

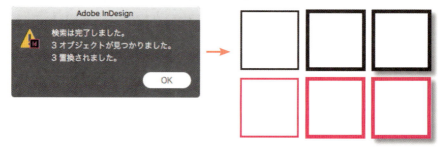

ドロップシャドウを変更する

1 最初の状態に戻り、今度はドロップシャドウを置換してみましょう。[検索オブジェクト形式オプション]ダイアログ❶と[置換オブジェクト形式オプション]ダイアログ❷を図のように設定します。これにより、ドロップシャドウのサイズやオフセットに関わらず、オブジェクトに適用されたドロップシャドウのみを削除することができます。もちろん、削除ではなく、異なる設定のドロップシャドウに置換することも可能です。

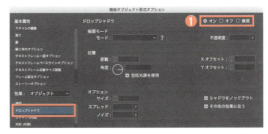

2 [検索オブジェクト形式オプション]ダイアログと[置換オブジェクト形式オプション]ダイアログを設定すると、[検索と置換]ダイアログは図のような設定となっているので、置換を実行します。

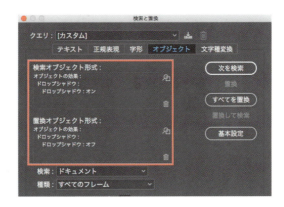

3 いくつ置換されたかのダイアログが表示されるので、[OK]ボタンをクリックします。条件にマッチするドキュメント内のすべてのドロップシャドウが置換されます。

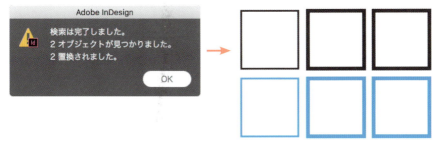

Part 2　画像・オブジェクト・カラーの効率ワザ

正確な角丸を作成したい

角丸長方形を線で表現する

InDesignで角丸長方形を描画しても、指定した値のキレイな角丸にはなりません。そこで、角丸長方形ではなく、線を使用し、[先端の形状]や[種類]を設定することで対処します。

線を使用して角丸長方形を作成する

1 図のマゼンタのオブジェクトは、InDesignで角丸を5mmに設定したもので、シアンのオブジェクトは、Illustratorで角丸を5mmに設定したものです。重ねると、InDesignでは正確な値で角丸が描画されていないのが分かります。

2 InDesignでキレイな角丸長方形を描画するためには、角丸長方形を「線」として描画します。まず、直線を作成し、[線幅]を設定します。この[線幅]が長方形の高さ（あるいは幅）に相当します。ここでは「10mm」としました。

3 次に[先端の形状]を[先太]から[丸形先端]に変更します。なお、[丸形先端]にした分、サイズが長くなるので長さを調整します。これで、見た目が角丸長方形の直線が作成できます。ただし、この方法は端が半円になっている場合にしか使えません。

(Point)

端が半円になっていない角丸を作成するためには「Illustratorで作成したオブジェクトをペーストする」、あるいはスクリプトを使用する等しか方法がありません。なお、スクリプトには『ディザInDesign』さんの「角丸長方形に変換、または作成を行う（kadomaru.jsx）」があります。
http://indesign.cs5.xyz/idjs/idjskadomaru.html

新規で線種を作成しておき、適用する

1 ［線］パネルから新規で［線種］を作成しておく方法もあります。まず、［線］パネルのパネルメニュー❶から［線種］を選択します❷。

2 ［線種］ダイアログが表示されるので、［新規］ボタンをクリックします。

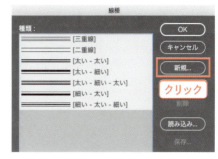

3 ［新規線種］ダイアログが表示されるので、任意の［名前］を付け❶、［種類］に［線分］を選択します❷。次に、［長さ］と［パターンの長さ］に同じ値を入力し❸、［先端の形状］に［丸形先端］を選択し❹、［OK］ボタンをクリックします。

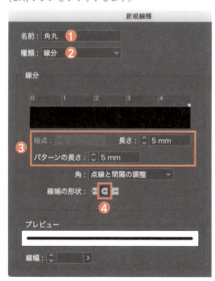

4 ［線種］ダイアログに戻ると、新規で作成した線種が保存されているのが分かります。［OK］ボタンをクリックしてダイアログを閉じます。なお、この設定はドキュメントを何も開いていない状態で作成しておくと、以後、新規で作成するドキュメントで使用できて便利です。

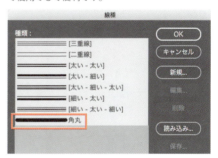

5 ［線］パネルの［種類］には、作成した線種が表示されるので、目的に応じて線に適用します。

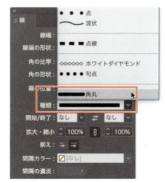

Part 2　画像・オブジェクト・カラーの効率ワザ

Tip
10

同じサイズで等間隔のオブジェクトを一気に作成したい

［ ドラッグしながら矢印キーを押す ］

InDesignでは、長方形ツールや長方形フレームツールでオブジェクトを描画中に矢印キーを押すと、その押した方向に応じて、オブジェクトを等分に分割して描画することができます。

オブジェクトを等間隔で分割しながら描画する

1 例えば、長方形ツールで同じサイズの複数の長方形を描画してみましょう。まず、長方形ツールでドキュメント上をドラッグしながら、⬆（上矢印）キーを押します。すると、ドラッグしている長方形が横に二分割されます。

2 さらに、もう一度、⬆（上矢印）キーを押します。すると、ドラッグしている長方形が横に三分割されます。

3 今度は、➡（右矢印）キーを2回押します。すると、横にも三分割されます。このように、押した矢印キーの方向に応じて横方向や縦方向にオブジェクトが等間隔に分割されます。

間隔を指定して、オブジェクトを等間隔で分割しながら描画する

1. 分割した際のオブジェクトの間隔をコントロールしたい場合にはどうすれば良いでしょうか。じつは、あらかじめ間隔を指定しておくことも可能です。まず、[レイアウト]メニューから[マージン・段組]を選択します。

2. [マージン・段組]ダイアログが表示されるので、[間隔]にオブジェクトの間隔として使用したいサイズを指定し、[OK]ボタンをクリックします。ここでは[間隔]を「5mm」から「1mm」に変更しました。

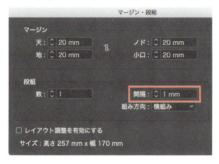

【 Point 】
[マージン・段組]ダイアログの[間隔]ではなく、[レイアウトグリッド設定]ダイアログの[段間]を指定してもかまいません。この2つの設定は連動しており、いずれか片方を変更すれば、もう片方も変更されます。

3. 前ページと同様の手順で、オブジェクトを描画中に矢印キーを押します。オブジェクトとオブジェクトの間隔はあきらかに小さくなったのが分かります。図では、「1mm」の間隔でオブジェクトが分割されています。

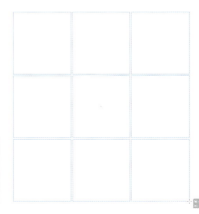

【 Point 】
分割した際のオブジェクトの間隔をあとから調整したい場合には、間隔ツールを使用します。

Part 2　画像・オブジェクト・カラーの効率ワザ

画像を同じサイズで一気に配置したい

ドラッグしながら矢印キーを押す

InDesignでは、複数の画像を配置する際にも、まとめて一気に同じサイズで配置することが可能です。操作方法は、基本的に前項の等間隔のオブジェクトを作成するのと同様です。

1 まず、画像と画像の間隔を指定するために、[レイアウト]メニューから[マージン・段組]を選択します。

2 [マージン・段組]ダイアログが表示されるので、[間隔]にオブジェクトの間隔として使用したいサイズを指定し、[OK]ボタンをクリックします。ここでは「5mm」としました。

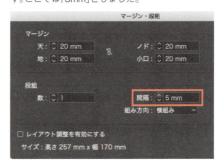

3 [ファイル]メニューから[配置]を選択します。

4 [配置]ダイアログが表示されるので、目的の複数の画像を選択して[開く]ボタンをクリックします。なお、Finder等からドキュメント上に複数の画像をドラッグしてもかまいません。

5 マウスポインタが画像配置アイコンに変化するので、ドラッグしながら目的の方向や数だけ矢印キーを押します。

6 マウスポインタを離すと、同じサイズで等間隔に画像が配置できます。

7 なお、画像をフレームサイズぴったりにサイズを調整したい場合には、画像がすべて選択された状態で[コントロール]パネルの[フレームに均等に流し込む]ボタンをクリックします。グラフィックフレームにぴったり合うサイズ(グラフィックフレームにすき間がない状態)に調整されます。

Part 2　画像・オブジェクト・カラーの効率ワザ

Tip 12

画像をフレームにフィットさせながら配置したい

↓

［ フレーム調整オプションを設定しておく ］

画像は、配置後にサイズを調整してもかまいませんが、あらかじめ［フレーム調整オプション］を設定しておくと、グラフィックフレームに画像を配置する際に、自動的にグラフィックフレームにフィットさせた状態で配置できます。

1 まず、作成済みのグラフィックフレームをすべて選択し、［オブジェクト］メニューから［オブジェクトサイズの調整］→［フレーム調整オプション］を選択します。

2 ［フレーム調整オプション］ダイアログが表示されるので、［サイズ調整］に［フレームに均等に流し込む］を選択し、［整列の開始位置］を選択して❷、［OK］ボタンをクリックます。なお、画像は［整列の開始位置］に指定した位置を基準に拡大・縮小されて配置されます。

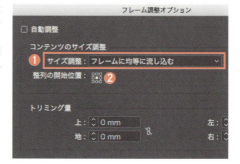

3 グラフィックフレーム内に画像を配置すると、原寸（100％）ではなく、フレームにぴったり合う（余白のでない）サイズで配置されます。

4 なお、[フレーム調整オプション]ダイアログには[自動調整]という項目がありますが、オンでもオフでも画像を配置した際の結果は変わりません。オンとオフの違いは、配置した画像をあとからサイズ変更する際の動作が異なります。オフの場合、グラフィックフレームをサイズ変更しても中の画像はそのままです。オンの場合は、グラフィックフレームのサイズ変更に合わせて中の画像もサイズが調整されます。目的に応じて使い分けると良いでしょう。なお、[自動調整]は[コントロール]パネルからも設定可能です。

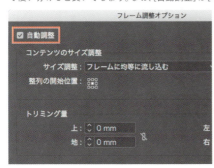

[自動調整]がオフの場合

[自動調整]がオンの場合

[Point]

[整列の開始位置]では、画像が拡大・縮小される際の基準点を指定できます。また、[トリミング量]では、トリミングする際に画像を非表示にする値を指定できますが、拡大・縮小率に対しての相対的な値となるので、思い通りにトリミングするのは、なかなか難しい仕様となっています。

Part 2　画像・オブジェクト・カラーの効率ワザ

Tip 13

複数の画像に一気にキャプションを設定したい

↓

ライブキャプションの機能を利用する

InDesignには、画像のメタデータの情報を利用してキャプションを作成する機能が用意されています。位置や段落スタイルの指定もできるため、複数の画像に一気にキャプションを付けたい場合に重宝する機能です。

1. まず、どのようにキャプションを付けるかを設定しておく必要があります。[リンク]パネルのパネルメニューから❶、[キャプション]→[キャプション設定]を選択します❷。

2. [キャプション設定]ダイアログが表示されるので、目的に応じて各項目を設定して[OK]ボタンをクリックします。ここでは、[メタデータ]の「タイトル」❶の内容をキャプションとして使用することとし、[先行テキスト]❷を入力しました。なお、[先行テキスト]や[後続テキスト]を指定することで、メタデータのテキストにプラスして入力するテキストを追加できます。また、キャプションを画像のどこに作成するかを指定する[揃え]❸や、画像からキャプションを離す距離を指定する[オフセット]❹、さらにはキャプションのテキストに適用する段落スタイル❺も指定できます。

(Point)
画像の持つメタデータを確認できるツールにはさまざまな物がありますが、Adobe製品であればAdobe Bridgeを使用することでメタデータの確認や入力が可能です。

3 キャプションを付けたい画像をすべて選択し、[リンク]パネルのパネルメニュー❶から[キャプション]→[ライブキャプションの作成]あるいは[キャプションの作成]を選択します❷。

4 すると、選択していた画像に対して自動的にキャプションが生成されます。ここで注目してほしいのは右下の画像です。<リンクからのデータなし>となっていますが、これは「タイトル」というメタデータに情報がなかったことを意味します。つまり、メタデータに情報がなくてもキャプション用のテキストフレームは作成されるということです。この機能は、画像にメタデータが設定されていないと使用できないように思われますが、じつはメタデータがなくてもテキストフレームは作成されます。あとから、キャプション用のテキストを入力、あるいはペーストすれば良いので、キャプション作成の際に威力を発揮する機能です。

[Point]

[リンク]パネルのパネルメニューから[キャプション]→[キャプションの作成]を選択した場合、画像にメタデータがないとテキストは何も表示されません(右下図)。
[ライブキャプションの作成]を実行した場合と何が違うのかと言えば、[キャプションの作成]が一度だけキャプションを作成する機能なのに対し、[ライブキャプションの作成]では元のメタデータを再度、変更した際にはリンクの更新を行うことでキャプションの内容を更新することが可能です。目的に応じて使い分けると良いでしょう。

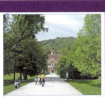

Part 2　画像・オブジェクト・カラーの効率ワザ

Tip 14

アタリ画像を一気に差し替えたい

⬇

[**フォルダーに再リンクの機能を利用する**]

アタリ画像で作業しているような場合でも、1つずつ実画像に差し替える必要はありません。InDesignには、まとめて画像を差し替える機能が用意されています。

1. まず、差し替え用の高品質画像を同じフォルダー内に用意しておきます。なお、ファイル名はアタリ画像と同じにしておく必要があります(拡張子は異なっていてもかまいません)。

2. InDesignドキュメント上でアタリ画像をすべて選択し❶、[リンク]パネルのパネルメニューから❷、[フォルダーに再リンク]を選択します❸。

3️⃣ [フォルダーを選択]ダイアログが表示されるので、差し替え用の画像を保存してあるフォルダーを指定します❶。なお、[オプション]では[ファイル名と拡張子が一致する]画像に差し替えるのか、あるいは[次の拡張子でファイル名が一致する]画像を差し替えるのかを指定できます❷。[次の拡張子でファイル名が一致する]を選択した場合には、その拡張子も入力します。図では[次の拡張子でファイル名が一致する]を選択し、「psd」と入力しています。

4️⃣ [フォルダーを選択]ダイアログの[選択]ボタンをクリックすると、画像が高品質なものに差し替わります。

(Point)

差し替えたい画像が、同じフォルダー内に同名で用意されている場合には、[リンク]パネルのパネルメニューから[ファイル拡張子にリンクを再設定]を実行します。[ファイル拡張子にリンクを再設定]ダイアログが表示されるので、拡張子を指定して[リンクを再設定]ボタンをクリックすれば、画像が差し替わります。

Part 2　画像・オブジェクト・カラーの効率ワザ

Tip 15

後から一気に修正可能なオブジェクトを複製する❶

［コンテンツ収集ツール／コンテンツ配置ツールを使用する］

一般的に複製したオブジェクトに修正が入ると、修正したものを再度、複製する必要がでてきます。しかし、あらかじめコンテンツ収集ツール／コンテンツ配置ツールを使用して複製しておくことで、一気に修正を終えることが可能となります。

1 例えば、図のようなアイテムをドキュメント内で複数回使用するとします。

2 このアイテムを複製利用するために、まずは［コンテンツ収集ツール］を選択します。

3 すると、［コンベヤー］と呼ばれるパネルが表示され、マウスポインタの表示が変わります。次に、マウスポインタを複製使用したいオブジェクトの上に移動すると、オブジェクトがハイライトされます。

4 そのままクリックすると、ハイライトされていたオブジェクトが［コンベヤー］に収集されます。

5 では、今度は収集されたオブジェクトを配置していきましょう。[コンベヤー]で[コンテンツ配置ツール]ボタンをクリックすると、マウスポインタに収集したオブジェクトのプレビューが表示され、配置可能になります。

6 この時、[リンクを作成]がオンになっていることを確認しておきます❶。ここがオンになっていないと、後から複製したオブジェクトを一気に修正することができません。また、このオブジェクトを複数回配置していきた場合には、[コンベヤーに保持し、複数回配置]ボタンを選択しておきます❷。

7 クリックしながら目的の場所にオブジェクトを配置していきます。なお、別のツールを選択すれば、コンベヤーを非表示にして、配置を終了できます。

One Point ショートカット
[V]キーを押すことで、[オブジェクトに適用]と[テキストに適用]のどちらをアクティブにするか切り替えることができます。また、カラーを[なし]に設定したい場合は、[/]キーを押します。なお、[X]キーを押せば[塗り]と[線]のどちらをアクティブにするかを切り替えることもでき

One Point [コントロール]カラーを設定す
[コントロール]パネルの[塗り]
shift キーを押しながらクリック

8 今度はこのオブジェクトを修正してみましょう。まずは、収集時に使用した親のオブジェクトを表示させます。どのオブジェクトが親のオブジェクトか分からなくなった場合には、複製したいずれかのオブジェクトを選択して、[リンク]パネルのパネルメニュー❶から[ソースに移動]を実行します❷。

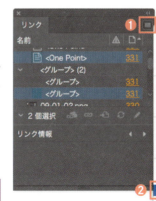

[Point]
コンテンツ収集ツール／コンテンツ配置ツールでは、修正したいオブジェクトの親となるオブジェクト(収集時に使用したオブジェクト)を編集しないと、その修正を子のオブジェクト(複製したオブジェクト)に反映させることができません。

⑨ すると、親のオブジェクトが選択した状態で表示されるので、目的に応じて修正します。ここでは、カラーを変更しました。

⑩ では、複製したオブジェクトを見てみましょう。オブジェクトの左上に(親オブジェクトが変更されていることをあらわす)黄色い警告マークが表示されているので、このマークをクリックします。すると、オブジェクトが更新されます。ただし、このマークはフレーム枠が非表示になっていると表示されないので、注意してください。

⑪ 複製したオブジェクトの数が多い場合には、1つずつリンクの更新をしていては手間がかかってしまうので、[リンク]パネルから一気に修正します。[リンク]パネルで更新するオブジェクトの親グループを選択して❶、パネルメニュー❷から[[〈グループ〉」のすべてのインスタンスを更新]を実行します❸。

⑫ コンテンツ配置ツールで複製したオブジェクトすべてを一気に更新して修正することができます。

[Point]

コンテンツ収集ツール／コンテンツ配置ツールは、異なるドキュメント間でも使用可能です。うまく使えば、複数のドキュメントで統一してアイテムを管理・運用できます。

Part 2　画像・オブジェクト・カラーの効率ワザ

Tip **16**

後から一気に修正可能なオブジェクトを複製する❷

CCライブラリを使用する

Illustratorの［ライブラリ］パネルから登録したオブジェクトを、InDesignドキュメントに配置することで、一気に修正可能なオブジェクトの運用が可能となります。

CCライブラリを使用してオブジェクトを複製する

1 例えば、Illustratorで作成した図のようなアイテムを、InDesignドキュメント内で複数回使用するとします。

2 Illustratorで［ライブラリ］パネルを表示させ、目的のオブジェクトを［ライブラリ］パネル上にドラッグします。

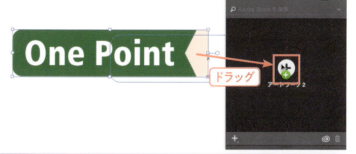

【 Point 】

［ライブラリ］パネル上にドラッグするのではなく、登録したいオブジェクトを選択して［ライブラリ］パネル左下の「＋」ボタンをクリックして、目的の形式を選択することでも［ライブラリ］パネルに登録可能です。

3 ドラッグしたオブジェクトが[ライブラリ]パネルに登録されます。なお、アセット下部(図ではアートワーク2)のところをダブルクリックすることで、任意の名前を付けることができます。

4 InDesignに切り替え、[CCライブラリ]パネルを表示させ、目的のライブラリを表示させると、Illustrator上で登録したオブジェクトが確認できます。

(Point)

IllustratorやPhotoshop、InDesignといったAdobeのアプリケーションでは、ライブラリに追加したアセットは自動的に自分のクラウドスペースに保存され、つねに同期されます。

5 [CCライブラリ]パネルから目的のオブジェクトをInDesignドキュメント上にドラッグして、配置していきます。

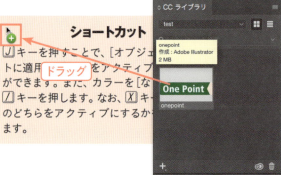

ショートカット

Jキーを押すことで、[オブジェクトに適用]をアクティブにすることができます。また、カラーを[な]/キーを押します。なお、Xキーのどちらをアクティブにするかます。

6 なお、[CCライブラリ]パネルから配置したオブジェクトには、クラウドからのリンクをあらわす雲のマークが表示されます。

One Point ショートカット

Jキーを押すことで、[オブジェクトに適用]と[テキストに適用]のどちらをアクティブにするか切り替えることができます。また、カラーを[なし]に設定したい場合は、/キーを押します。なお、Xキーを押せば[塗り]と[線]

CCライブラリから配置したオブジェクトを修正する

1 [CCライブラリ]から配置したオブジェクトを修正してみましょう。まず、[CCライブラリ]パネル上で目的のアセットをダブルクリックします。

2 すると、Illustratorでこのオブジェクトが表示されるので、修正して保存したら、ドキュメントを閉じます。ここでは、カラーを変更しました。

3 InDesignに戻ると、自動的に修正が反映されているのが分かります。このように、[CCライブラリ]パネルを使用することで、直しに強いオブジェクトの複製が実現できます。

One Point ショートカット

Jキーを押すことで、[オブジェクトに適用]と[テキストに適用]のどちらをアクティブにするか切り替えることができます。また、カラーを[なし]に設定したい場合は、/キーを押します。なお、Xキーを押せば[塗り]と[線]

[Point]

Illustrator上でオブジェクトを[ライブラリ]パネルに登録し、InDesignに配置する場合は、オブジェクトがクラウドとリンクされ、その修正を反映させることができますが、InDesign上で作成したオブジェクトを[CCライブラリ]パネルに登録し、InDesignに配置する場合には、単なるコピーと同じ動作となり、その修正を反映させることができないので注意が必要です。

Part 2　画像・オブジェクト・カラーの効率ワザ

Tip 17

グループワークで使用するオブジェクトを手軽に共有したい

CCライブラリを使用する

CCライブラリの機能を利用することで、ライブラリに登録したアセットの管理が楽になります。もちろん、他の作業者とライブラリ単位で共有することもできるため、グループワークに最適です。

1 ［ウィンドウ］メニューから［CCライブラリ］を選択して［CCライブラリ］パネルを表示させたら、［CCライブラリ］パネルのパネルメニュー❶から［新規ライブラリ］を選択します❷。

2 ライブラリの名前が入力可能となるので、任意の名前を入力して［作成］ボタンをクリックします。ここでは「test」という名前にしました。

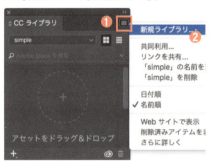

3 このライブラリには、まだ何も登録されていない状態なので、他の作業者と共有して使用したいオブジェクトを登録していきます。登録は、［CCライブラリ］パネルに目的のオブジェクトを直接ドラッグしてもOKですし、パネル左下の「＋」ボタンをクリックして、目的の形式を選択してもかまいません。

他の作業者とライブラリを共有するには、ま
ず、[CCライブラリ]パネルのパネルメニュー
①から[共同利用]を選択します②。

ブラウザが立ち上がり、[共有者を招待]する
ためのダイアログが表示されるので、共有者
のメールアドレスを入力し①、[招待]ボタンをクリッ
クします②。すると、招待した人にメールが送信され
ます。

[Point]

メールアドレスを入力するフィールドの右側のポップアップメニューでは、[編集可能]と[閲覧のみ]が選択可能になっています。共有者にライブラリのアセットの編集を許可する場合には[編集可能]を、閲覧だけで編集は不可の場合には[閲覧のみ]を選択します。

招待した人が[招待に応じる]①をクリックす
ると、ブラウザが立ち上がります。[同意する]
ボタンをクリックし②、招待を同意するとそのライブラリが共有されます。

招待が同意されると、[CCライブラリ]パネ
ルのライブラリ名の前には複数の人で共有し
ていることをあらわすマークが表示されます。

Part 2　画像・オブジェクト・カラーの効率ワザ

Tip
18

テキストに連動して動くオブジェクトを作成したい

［ アンカー付きオブジェクトとして設定する ］

InDesignでは、アイコンやイラスト等のグラフィックをテキスト中に挿入することで、テキストの増減に連動させることが可能で、この機能をアンカー付きオブジェクトと読んでいます。なお、テキスト内に挿入するだけでなく、テキストフレーム外に置いたオブジェクトをアンカー付けすることも可能です。

テキストフレーム内にアンカー付きオブジェクトを設定する

1 ここでは、図のようなバスのグラフィックをテキスト中に挿入してみましょう。まず、グラフィックを選択して、コピーしておきます。

2 文字ツールに持ち替え、グラフィックを挿入したい位置をクリックしてキャレットを表示します。

現地までの移動手段は、東京駅｜渋谷駅　会場となります。

3 ペーストを実行すると、コピーしたグラフィックがテキスト中に挿入されます。

現地までの移動手段は、東京駅🚌渋谷駅　会場となります。

(Point)
テキスト中にペーストしたオブジェクトは、テキストの下辺に挿入したオブジェクトの下辺が揃うようにペーストされます。

4 グラフィックの位置を調整したい場合は、グラフィックを文字ツールで選択して❶、[ベースラインシフト]で調整します❷。ここでは、グラフィックを若干、上方向に移動させました。

行の高さが変わった場合の修正方法

1 同様の手順で、今度は人のグラフィックを挿入してみます。すると、挿入した行の位置がずれてしまったのが分かります。これは、テキストのサイズよりも高さが大きいグラフィックを挿入したためです。この場合、挿入したグラフィックを基準に行が送られるため、ずれてしまったというわけです。

2 これを修正するためには、選択ツールでグラフィックを選択後❶、下方向にドラッグします❷。これ以上ドラッグできないという位置でマウスを離すと、ずれていた行の位置が修正されます❸。

[Point]

選択したグラフィックには、アンカー(錨)のアイコンが表示され、テキストにアンカー付けされているのが分かります。この機能をアンカー付きオブジェクトと呼びます。

3️⃣ あとは、文字ツールでグラフィックを選択して、ベースラインシフトで位置を調整すればOKです。

4️⃣ テキスト中にインラインとして挿入されたオブジェクトは、テキストに増減があってもテキストに連動するため、あとで位置を調整する必要もありません。

> **(Point)**
> テキスト中にペーストすることで、そのオブジェクトはインラインとしてアンカー付けされますが、アンカー付けできるのはパスオブジェクトだけではありません。画像や他のテキストフレーム、グループ化されたオブジェクト等、さまざまなオブジェクトをアンカー付きオブジェクトとして運用できます。

テキストフレーム外にアンカー付きオブジェクトを設定する

1️⃣ ここでは、「POINT」のオブジェクトを「アンカー付き〜」で始まる文章にアンカー付けしてみましょう。まず、「POINT」のオブジェクトを、実際に表示させたい位置に置きます。

2️⃣ この「POINT」のオブジェクを選択ツールで選択すると、オブジェクト右上にレイヤーカラー（図では青）の正方形が表示されます。

3 この正方形をマウスで掴んで、関連付けたいテキストまでドラッグすると、太い黒い線が表示されるので、目的の場所でマウスを離します。

4 レイヤーカラーの正方形が錨（アンカー）のアイコンに変われば、関連付けは終了です。

5 テキストの増減があると、アンカー付きオブジェクトは関連付けたテキストとの位置関係を保ったまま移動します。なお、アンカー付けを切りたい場合には、アンカー付きオブジェクトを選択して［オブジェクト］メニューから［アンカー付きオブジェクト］→［解除］を選択します。

[Point]

［オブジェクト］メニューから［アンカー付きオブジェクト］→［オプション］を選択すると、［アンカー付きオブジェクトオプション］ダイアログが表示され、アンカー付けしたオブジェクトの位置や基準点を細かく設定することが可能です。

Part 2　画像・オブジェクト・カラーの効率ワザ

テキスト量に応じて可変する背景オブジェクトを作成したい

［　段落境界線の機能を使用する　］

段落境界線の機能を利用することで、テキスト量に応じてサイズが自動的に可変する背景オブジェクトを作成することができます。なお、CC 2018からは［段落の囲み罫と背景色］の機能を使用することで、同様の作業が手軽に実現できます。

テキスト量に応じて可変する背景オブジェクト（長方形）を作成する

1 目的のテキスト内にキャレットを表示させた状態で、［段落］パネルのパネルメニュー❶から［段落境界線］を選択します❷。

2 ［段落境界線］ダイアログが表示されるので、［前境界線］の［境界線を挿入］をオンにします。なお、［プレビュー］はオンにしておきます。

4 次に、［線幅］と［カラー］を指定し❶、さらに［オフセット］を指定して❷境界線の（縦方向の）位置を調整します。図では、［線幅］を「8mm」、［カラー］を「C=100」、［オフセット］を「-1mm」に設定しています。

3 すると、テキストに対し、段落境界線が設定されたのが確認できます。

5 さらに、[幅]を[列]から[テキスト]に変更し❶、[左インデント]❷と[右インデント]❸を指定し、[OK]ボタンをクリックします。これにより、段落境界線はテキストフレーム幅ではなく、テキストが存在する部分のみに対して設定されます。

6 図のように、テキストに増減があっても自動的に可変する背景オブジェクトが作成できました。

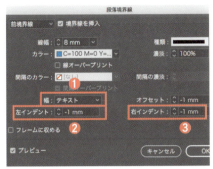

[Point]

[段落境界線]ダイアログの[幅]を[テキスト]に設定することで、テキスト量に応じて可変する境界線が作成できます。

テキスト量に応じて可変する背景オブジェクト（角丸長方形）を作成する

1 今度は、背景の端を半円にしてみましょう。再度、[段落境界線]ダイアログを表示させ、[種類]に「句点」あるいは「点」を選択します。すると、段落境界線は図のようにドットの点に変化します。

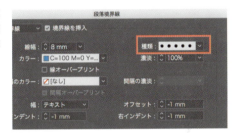

2 次に、[カラー]と[間隔のカラー]を同じカラーに設定し❶、[左インデント]と[右インデント]を調整し❷、[OK]ボタンをクリックします。これにより、端が半円の背景オブジェクトが作成できました。

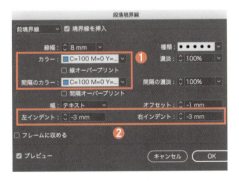

テキスト量に応じて可変する背景オブジェクト（枠囲み）を作成する

1 今度は背景オブジェクトが塗りではなく線で構成された枠囲みを実現してみましょう。再度、[段落境界線]ダイアログを表示させたら、[後境界線]を選択し❶、[境界線を挿入]をオンにします❷。

2 [線幅]を指定しますが、[前境界線]で指定した[線幅]より少し細い値を指定します❶。そして、[カラー]を[紙色]にし❷、[幅]を[列]から[テキスト]に変更したら❸、[オフセット]には[前境界線]の境界線と中心が揃う値を指定します❹。

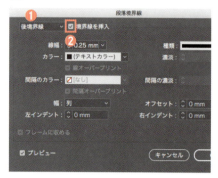
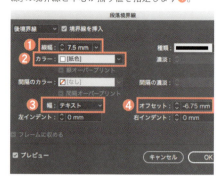

3 現在、テキストは図のようになっているはずです。

段落の境界線

4 [種類]に「句点」あるいは「点」を選択し❶、[左インデント]と[右インデント]を指定し❷、[OK]ボタンをクリックします。[左インデント]と[右インデント]には、[前境界線]で指定した値より少し小さな値を指定します。つまり、[前境界線]と[後境界線]が同じ位置に表示されるように位置を調整し、それぞれ[線幅]を変えることで、[線幅]の差分の半分が枠囲みの罫線のように見えるというわけです。

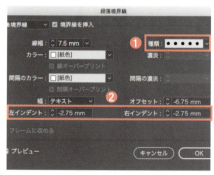

[Point]

[後境界線]は[前境界線]より前面に描画されます。

[Point]

段落境界線では、端が任意のサイズの角丸オブジェクトを作成することができません。その場合、CC 2018で搭載された[段落の囲み罫と背景色]の機能を使用して角丸オブジェクトを作成します。

5 図のように、テキストに対して枠囲みのような効果が得られます。

段落の境界線

段落に対して背景オブジェクトを作成したい

段落の囲み罫と背景色の機能を使用する

CC 2018で搭載された［段落の囲み罫と背景色］の機能を使用することで、段落に対して、塗りや線のある背景オブジェクトを作成できます。段落が途中で改段されるようなケースにも対応しています。

1行の段落に背景オブジェクトを作成する

1. まず、図のような1行のテキストに背景オブジェクトを作成してみます。

   美しい和文組版

   (Point)
   段落に対して背景色や囲み罫を設定するだけなら、［段落］パネルの［背景色］と［囲み罫］のチェックボックスをオンにすればかまいませんが、線幅やオフセット、角のサイズ等を調整したい場合には、［段落の囲み罫と背景色］ダイアログを表示する必要があります。

2. 段落内にキャレットを表示した状態で［段落］パネルのパネルメニュー❶から［段落の囲み罫と背景色］を選択します❷。

3. ［段落の囲み罫と背景色］ダイアログが表示されるので、［囲み罫］タブを選択して❶、［囲み罫］にチェックを入れ❷、まずは［線］の太さや［タイプ］や［カラー］等の線の設定❸、［オフセット］❹を指定します。ここでは、線の上下左右の太さを「0.1mm」、カラーを［黒］、上下左右の［オフセット］を「1mm」としました。

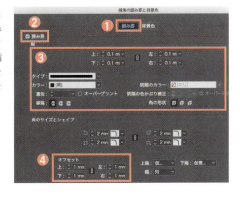

4　[プレビュー]にチェックが入っていれば、テキストに対して囲み罫が適用されたのが分かります。

美しい和文組版

5　次に、[段落の囲み罫と背景色]ダイアログの[幅]を[列]から[テキスト]に変更します。

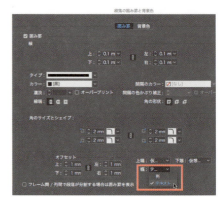

6　すると、テキスト量に応じた囲み罫が適用されます。もちろん、囲み罫はテキスト量に応じて可変します。

美しい和文組版
↓
美しい日本語組版

7　今度は[背景色]タブを選択して❶、[背景色]にチェックを入れ、カラーを指定します❷。また、[角のサイズとシェイプ]❸や[オフセット]❹も指定します。なお、[フレームの形に合わせる]にチェックを入れると、テキストフレーム内だけにカラーを設定するといったことも可能です。

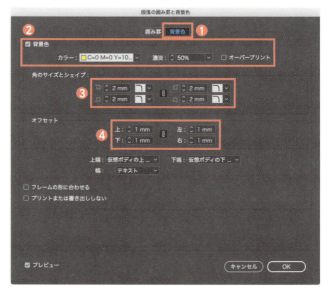

8　[OK]ボタンをクリックすると、テキストに囲み罫と背景色が適用されます。

美しい和文組版

複数行の段落に背景オブジェクトを作成する

1 前項と同様の手順を実行することで、複数行の段落に対しても、囲み罫や背景色を適用することが可能です。

2 ちなみに、段落が途中で改段するような場合には、図のように囲み罫や背景色は分割したそれぞれの段落に対して適用されます。ただし、図のように角丸を設定している場合には、段が分割されてしまう部分の背景色に対しても角丸が適用されてしまうので注意してください。

3 なお、[段落の囲み罫と背景色]ダイアログでの[囲み罫]タブで[フレーム間/列間で段落が分割する場合は囲み罫を表示]をオンにしておくと、図のように、分割された段落それぞれに対して囲み罫を作成できます。

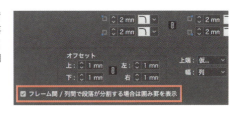

複数の段落に対して、1つの背景オブジェクトを作成する

1 複数の段落に対して、[段落の囲み罫と背景色]を適用すると、囲み罫や背景色はそれぞれの段落に対して適用されてしまいます。

2 これを1つの背景オブジェクトとして作成するには、まず改行を強制改行に変更します。すると、2つの段落が1つの段落とみなされます。なお、強制改行は [Shift] + [Return] で入力できます。

3 次に、強制改行の前に[書式]メニューから[特殊文字の挿入]→[その他]→[右インデントタブ]を実行します。

4 これで、2つの段落に対して、1つの背景オブジェクトが作成できました。

[Point]

CC 2015・CC 2017には[段落の背景色]という機能が用意されていましたが、罫線や角丸には対応しておらず、また動作も不安定でした。CC 2018では、新しく[段落の囲み罫と背景色]という機能に生まれ変わり、罫線や角丸にも対応し、使いやすい機能となっています。

Part 2　画像・オブジェクト・カラーの効率ワザ

Tip 21

配置画像のカラーをオブジェクトに適用したい

カラーテーマツールを使用する

カラーテーマツールを使用することで、オブジェクトや画像など、さまざまなアートワークからカラーテーマを作成することができます。カラーテーマは、そのまま使用できるだけでなく、CCライブラリやスウォッチに登録して使用できます。

カラーをサンプリングしてオブジェクトに適用する

1 ドキュメントに配置した画像からカラーテーマを作成して使用してみます。まず、カラーテーマツールを選択し❶、カラーをサンプリングしたい画像の上にマウスポインタを移動します❷。すると、その画像がハイライトされます。

2 そのままクリックすると、画像で使用されているカラーが5つサンプリングされます。なお、Escキーを押せばそのカラーをキャンセルできるため、再度、別の場所をクリックしてサンプリングすることもできます。

3 表示されたカラーの右側のポップアップメニューをクリックすると、[カラフル][ブライト][暗][深い][ソフト]の5つが選択可能になっており、サンプリングしたカラーをそれぞれ変化させたカラーとして使用することもできます。

(Point)
Shiftキーを押しながらサンプリングした場合、カラー右側のポップアップメニューをクリックすると、[類似色][モノクロマティック][トライアド][補色][複合色][暗清色]が表示されます。

4 オブジェクトにこのカラーテーマのカラーを適用したい場合には、カラーテーマから適用したいカラーを選択し❶、目的のオブジェクトの上にドロップします❷。あるいは、カラーを選択後に目的のオブジェクトをクリックしてもかまいません。

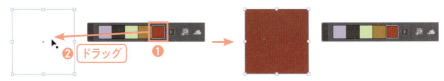

サンプリングしたカラーをテキストに適用する

1 テキストにカラーを適用することもできます。カラーテーマツールのスポイトのアイコンをテキストに近づけると、アイコンに「T」の文字が表示されます❶。そのまま、テキスト上をドラッグすると❷、テキストにそのカラーが適用されます❸。

2 なお、カラーテーマの[このテーマをスウォッチに追加]❶と[現在のCCライブラリにこのテーマを追加]❷をクリックすると、それぞれ[スウォッチ]パネルと❸、[CCライブラリ]❹にこのカラーテーマを追加して使用することができます。

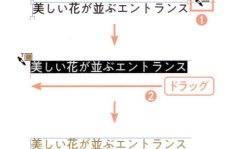

[Point]

カラーテーマツールをダブルクリックすると、[カラーテーマオプション]ダイアログが表示され、カラーをどのように変換するかを指定することができます。

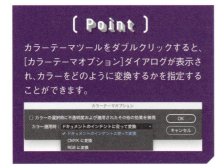

(Part)

3

テキストの効率ワザ
[一般編]

文字・段落の基本

テキストの編集では、段落全体に適用する設定は［段落］パネル、文字単位で適用する設定は［文字］パネルから行います（あるいは［コントロール］パネルからも設定できます）。また、InDesignには「プレーンテキストフレーム」と「フレームグリッド」の2つのテキストの入れ物（フレーム）があり、それぞれ動作が異なるため、その違いをきちんと理解して作業する必要があります。

プレーンテキストフレームとフレームグリッドの違い

プレーンテキストフレームとフレームグリッドは、どちらもテキストを入力・配置するための入れ物（フレーム）です。しかし、それぞれのフレームの性質は大きく異なるため、その違いを理解しておきましょう。

1 まず、図のようなテキストを入力したプレーンテキストフレームと、さらに、空のプレーンテキストフレームとフレームグリッドを用意します。

2 上部プレーンテキストフレーム内のテキストを文字ツールで選択してコピーし、空のプレーンテキストフレームとフレームグリッドにそれぞれ数回ペーストします。すると、プレーンテキストフレームでは元のテキストのままペーストされ、フレームグリッドでは書式が異なってペーストされたのが分かります。これは、プレーンテキストフレームが単なるテキストの入れ物であるのに対し、フレームグリッドでは入れ物じたいが書式属性を持っているからです。

3 では、フレームグリッドを選択した状態で[オブジェクト]メニューから[フレームグリッド設定]を選択してみましょう。

Point
元のテキストの書式を保ったまま、フレームグリッドにテキストをペーストしたい場合には、[編集]メニューから[グリッドフォーマットを適用せずにペースト]を実行します。

4 [フレームグリッド設定]ダイアログが表示されます。このダイアログを見ると分かりますが、テキストはこの設定内容に変換されてペーストされたというわけです。そのため、カラーの設定等、このダイアログにない属性に関しては元のままペーストされています。このように、フレームグリッドにテキストを入力したり、ペーストしたりした場合には、強制的に[フレームグリッド設定]ダイアログの書式が適用されます。

プレーンテキストフレームとフレームグリッドの[グリッド揃え]の違い

1 今度は、プレーンテキストフレームとフレームグリッドの[グリッド揃え]を確認してみましょう。[段落]パネルのパネルメニュー❶から[グリッド揃え]がどうなっているかを確認します❷。

2️⃣ [グリッド揃え]は、プレーンテキストフレームでは[なし]❶、フレームグリッドでは[仮想ボディの中央]❷が選択されています。

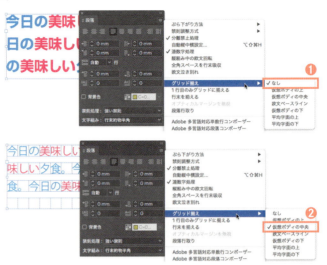

3️⃣ では、フレームグリッドの[グリッド揃え]を[仮想ボディの中央]から[なし]に変更してみましょう。すると、行がグリッドに揃わなくなったのが分かります。つまり、[グリッド揃え]の設定が[なし]以外になっていたことにより、行がグリッドに沿って流れていたわけです。

4️⃣ 今度は、プレーンテキストフレームの[グリッド揃え]を[なし]から[仮想ボディの中央]に変更してみましょう。すると、テキストのスタート位置と行送りが変わったのが分かります。プレーンテキストフレームにはグリッドはありませんが、強制的にベースライングリッドに揃うように変更されたためです。プレーンテキストフレームでは、[グリッド揃え]が[なし]になっていないと、おかしな動作をするので、きちんと設定を確認しておきましょう。

(Point)

プレーンテキストフレームとフレームグリッドでは、他にも[自動行送り]の値や、[文字の比率を基準に行の高さを調整]と[グリッドの字間を基準に字送りを調整]の設定が異なっています。通常の作業ではデフォルトのままで、とくに気にする必要のない設定ですが、違いの詳細な内容を確認したい場合には、筆者のサイト『InDesignの勉強部屋』で以下のページを参照してください。
https://study-room.info/id/studyroom/cs3/study31.html

フレームグリッドでの書式の設定

テキストに対しての書式の設定は、一般的に［文字］パネルや［段落］パネルで行いますが、フレームグリッドでは［フレームグリッド設定］ダイアログで行います。

1 まず、フレームグリッドを作成し、フレームグリッドを選択した状態で、［オブジェクト］メニューから［フレームグリッド設定］を選択して［フレームグリッド設定］ダイアログを表示させます。このダイアログで、実際にテキストに対して適用する書式を設定します。ここでは、「フォント：小塚ゴシックPro R」「サイズ：14Q」「行間：8H」を指定しました。

2 ダイアログを閉じ、フレームグリッドにテキストを入力します。当たり前ですが、［フレームグリッド設定］ダイアログで設定した書式でテキストが入力されます。

3 文字ツールでテキストをすべて選択し、フォントを変更します。ここでは、フォントを「ヒラギノ明朝ProN W3」に変更しました。

4 では、追加でテキストを入力してみましょう。この場合、テキストは「ヒラギノ明朝ProN W3」で入力されます。

5 今度は、テキストエディタ等からコピーしたテキストをペーストしてみましょう。すると、「小塚ゴシックPro R」でペーストされます。つまり、ペーストする際には［フレームグリッド設定］ダイアログの設定が反映されるということです。

6　このように、テキストに適用したフォントと[フレームグリッド設定]ダイアログの内容が異なっていると、思いどおりにテキストをコントロールできません。フレームグリッドを使用する際には、必ず[フレームグリッド設定]の設定内容を確認して作業するようにしましょう。なお、テキストの書式を[フレームグリッド設定]ダイアログの書式に強制的に合わせたい場合には、[編集]メニューから[グリッドフォーマットの適用]を実行してもかまいません。

[Point]

フレームグリッドを使用してテキストを扱う場合には、まず[フレームグリッド設定]ダイアログを設定してから作業すると良いでしょう。また、テキストが複数行ある場合には、一般的に[行送り]を設定しますが、フレームグリッドでは[文字]パネルの[行送り]は指定せず、[フレームグリッド設定]ダイアログの[行間]を設定します。

テキストフレーム設定の利用

[フレームグリッド設定]は、フレームグリッドを使用する際にしか設定はできませんが、[テキストフレーム設定]は、プレーンテキストフレームとフレームグリッドのどちらを使用している場合でも設定可能です。

1　プレーンテキストフレーム、あるいはフレームグリッドを選択した状態で、[オブジェクト]メニューから[テキストフレーム設定]を選択します。

2. [テキストフレーム設定]ダイアログが表示されるので、目的に応じて各項目を設定します。ここでは、フレームグリッドに対し、[段数]❶と[間隔]❷、[フレーム内マージン]❸を設定しました。

3. また、プレーンテキストフレームに対して、[テキスト配置]の[配置]を[中央]に設定すると、テキストをテキストフレームの(横組みの場合)天地センターに配置できます。

テキストフレームの連結

InDesignでは、複数のテキストフレームを連結することで、テキストフレームやページをまたいでテキストを流すことができます。

1 テキストフレームを選択すると、(横組みの場合)左上と右下にハンドルよりも少し大きめの四角形が表示されます。左上がインポート❶、右下がアウトポート❷と呼ばれており、テキストがあふれている場合には、アウトポートに＋の赤い四角形が表示されます。

2 選択ツールでアウトポートをクリックすると、マウスポインタの表示が変わり、あふれたテキストが配置可能な状態になります。

3 この状態で他の空のテキストフレーム上にマウスポインタを移動すると、アイコンが鎖の表示に変わるのでクリックします。

4 クリックしたテキストフレーム内に、あふれていたテキストが流し込まれ、テキストフレームが連結されます。

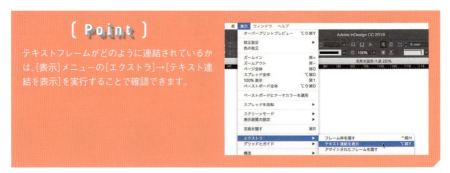

(Point)

テキストフレームがどのように連結されているかは、[表示]メニューの[エクストラ]→[テキスト連結を表示]を実行することで確認できます。

5 まだテキストがあふれた状態なので、2つ目のテキストフレームのアウトポートをクリックします❶。今度は、任意の場所でドラッグしてみましょう❷。

6 すると、ドラッグしたサイズで連結したテキストフレームが作成され、あふれていたテキストが流し込まれます。このように、テキストフレームを連結することで、テキストは複数のテキストフレームをまたいで流れていきます。つまり、アウトポートとインポートを繋ぐ作業がInDesignの連結というわけです。

(Point)

テキストがあふれているテキストフレームのインポートをクリックした場合、そのテキストフレームの前に連結されたテキストフレームを作成することができます。

テキストの回り込み

画像等のオブジェクトに対して、回り込みの設定を行うと、その設定したオブジェクトを避けるようにテキストを流すことができます。

1 ［ウィンドウ］メニューから［テキストの回り込み］を選択して、［テキストの回り込み］パネルを表示しておきます。

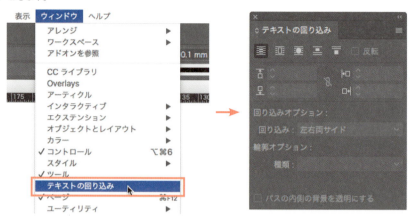

2 ここでは、図のように丸くマスクした画像に対して、回り込みを設定してみます。

3 画像を選択して、［テキストの回り込み］パネルで［境界線ボックスで回り込む］ボタンをクリックすると❶、画像の境界線のサイズ（四角形）でテキストが回り込むので、さらに上下左右の［オフセット］を指定して❷、テキストが回り込む領域を広げます。

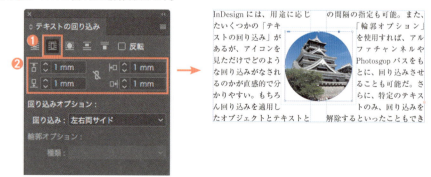

4 ［テキストの回り込み］パネルで［オブジェクトのシェイプで回り込む］ボタンをクリックすると❶、画像の形でテキストが回り込みます。［上オフセット］を指定して❷、回り込む領域を広げられます。

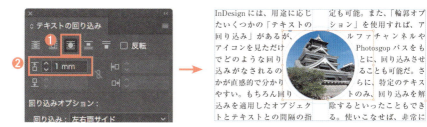

5 ［テキストの回り込み］パネルで［オブジェクトを挟んで回り込む］ボタンをクリックすると、（横組みの場合）画像の左右にはテキストが流れなくなります。上下左右の［オフセット］も指定できます。

6 ［テキストの回り込み］パネルで［次の段へテキストを送る］ボタンをクリックすると、画像の位置からそのテキストフレーム内にはテキストが流れなくなります。上下左右の［オフセット］も指定できます。

7 なお、回り込み領域はパスでできているため、図のように、ダイレクト選択ツールを使用して回り込み用のパスを編集することも可能です。手動でパスを編集した場合、［種類］は自動的に［ユーザーによるパスの修正］に変更されますが、［枠の検出］を選択することで、パスを編集前の状態に戻すこともできます。

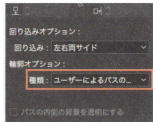

Part 3　テキストの効率ワザ［一般編］

Tip 23

特定のテキストフレームのみ、回り込みを解除したい

［テキストの回り込みを無視］を設定する

画像に対して本文が回り込むような設定をすると、回り込みをさせたくないテキストまで回り込みの影響を受けてしまうことがあります。このような場合には、［テキストの回り込みを無視］をオンにします。

1 図のように、画像に対して回り込みを設定したドキュメントがあります。しかし、回り込みを設定したことによって画像左上のキャプションも回り込みの影響を受けて非表示になっています。

2 このような場合、目的のテキストフレームを選択して、［オブジェクト］メニューから［テキストフレーム設定］を選択します。

3 ［テキストフレーム設定］ダイアログが表示されるので、［一般］タブ❶の［テキストの回り込みを無視］❷にチェックを入れます。

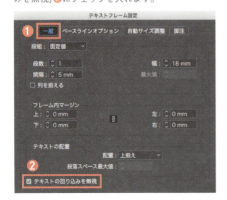

4 これにより、このテキストフレームのみ、回り込みの影響を受けずにテキストが表示されるようになります。

Tip 24 書式の異なるフレームグリッドを素早く使い分けたい

グリッドフォーマットを複数作成して運用する

サイズの異なるフレームグリッドをいくつも使い分けたいようなケースでは、そのつど、[フレームグリッド設定] を設定するのは面倒です。このような場合、[グリッドフォーマット] パネルを活用すると便利です。

1 フレームグリッドの書式を設定するには、[フレームグリッド設定]ダイアログを表示させて設定する必要があります。しかし、フレームグリッドを作成するたびに[フレームグリッド設定]ダイアログを表示させるのは面倒です。そこで、よく使う設定は[グリッドフォーマット]パネルに登録しておきましょう。まず、[ウィンドウ]メニューから[書式と表]→[グリッドフォーマット]を選択します。

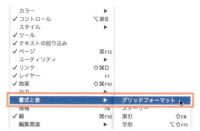

2 [グリッドフォーマット]パネルが表示されます。このパネルには[レイアウトグリッド]という設定がありますが、この設定には新規でドキュメントを作成した際に[レイアウトグリッド]を選択して作業した際の[新規レイアウトグリッド]ダイアログの設定内容が反映されています。なお、マウスポインタを重ねると、その設定内容を確認できます。

3 では、新規でグリッドフォーマットを作成してみましょう。まず、[グリッドフォーマット]パネルの[新規グリッドフォーマット]ボタンをクリックします。

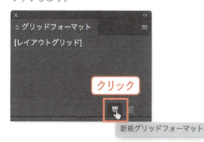

4 「グリッドフォーマット1」という名前で新規グリッドフォーマットが作成されるので、この項目をダブルクリックします。

5 ［グリッドフォーマットの編集］ダイアログが表示されるので、実際に使用したい書式とグリッド名を設定し、［OK］ボタンをクリックします。

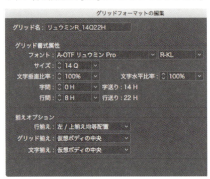

6 指定した［グリッド名］で、設定内容がグリッドフォーマットとして登録されます。

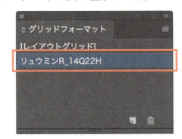

7 同様の手順で、使用したい書式をグリッドフォーマットとして登録していきます。ここでは、図のような3つのグリッドフォーマットを登録しました。

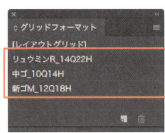

8 あとはフレームグリッドを選択し、目的のグリッドフォーマット名をクリックするだけで、そのグリッドフォーマットの書式を反映できます。

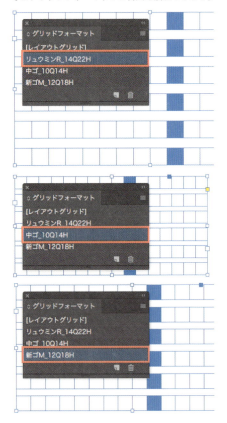

[Point]

ドキュメントを何も開いていない状態で、よく使用する設定をグリッドフォーマットに登録しておくと、以後新規で作成するドキュメントで登録したグリッドフォーマットを使用できます。

Part 3　テキストの効率ワザ［一般編］

欧文と日本語で異なるフォントを適用したい

合成フォントを使用する

欧文と日本語で異なるフォントを使用したい場合、手作業でフォントを変更していては面倒です。そんな時は合成フォントを作成して使用します。

1. 合成フォントを作成するには、まず［書式］メニューから［合成フォント］を選択します。

2. ［合成フォント］ダイアログが表示されるので、［新規］ボタンをクリックします。

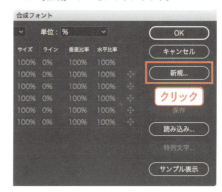

3. ［新規合成フォント］ダイアログが表示されるので、［名前］を付けて❶、［OK］ボタンをクリックします❷。なお、［元とするセット］には、これから作成する合成フォントに近い内容のものを選択しますが、とくになければ［デフォルト］のままでかまいません。

4 ［合成フォント］ダイアログに戻るので、目的に応じて各項目を設定していきます。InDesignでは［漢字］［かな］［全角約物］［全角記号］［半角欧文］［半角数字］のそれぞれにおいて、「フォント」や「サイズ」「ライン」「垂直比率」「水平比率」を指定できます。なお、設定の際はダイアログ下部の「サンプル」の［ズーム］や各ラインの表示／非表示を変更しながら、サイズ等の調整を行っていきます。

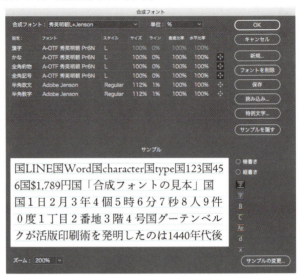

［Point］
［合成フォント］ダイアログの［サンプル表示］ボタン（サンプルが表示されている時は［サンプルを隠す］ボタン）をクリックすると、ウィンドウ下部にサンプルテキストが表示されます。

5 ［保存］ボタンと［OK］ボタンをクリックすればダイアログが閉じ、フォントメニューから使用可能になります。

6 一般的な設定はこれで終わりですが、InDesignには任意の文字のみフォントを変更できる「特例文字」の機能も用意されています。例えば、「鍵括弧のみを別のフォントにしたい」といったようなケースで使用します。では、鍵括弧を特例文字として登録してみましょう。まず、目的の［合成フォント］ダイアログを表示し、［特例文字］ボタンをクリックします。

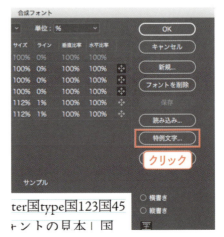

7 [特例文字セット]ダイアログが表示されるので、[新規]ボタンをクリックします。

8 [新規特例文字セット]ダイアログが表示されるので、任意の[名前]を入力し❶、[元とするセット]を選択したら❷、[OK]ボタンをクリックします。なお、[元とするセット]がない場合は[なし]のままでかまいません。

9 [特例文字セット編集]ダイアログが表示されるので、[文字]のフィールドに目的の文字を入力して❶、[追加]ボタンをクリックします❷。追加が終わったら[保存]ボタンと[OK]ボタンをクリックしてダイアログを閉じます。図では、起しと受けの鍵括弧を追加しました❸。

(Point)

[特例文字セット編集]ダイアログの[文字]フィールドには、直接、文字を入力する以外にも、コード番号での入力も可能です。

10 [合成フォント]ダイアログに戻ると、特例文字が設定可能になっているので、「フォント」や「サイズ」を指定します。ここでは、鍵括弧がちょっと小振りな「ヒラギノ明朝 ProN W3」を指定しました。設定が終わったら[保存]ボタンと[OK]ボタンをクリックしてダイアログを閉じます。あとは、目的の合成フォントをフォントメニューから選択するだけで使用できます。

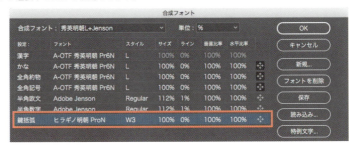

(Point)

[合成フォント]ダイアログの各項目は、[Shift]キーを押すと連続する複数の項目、[⌘]([Ctrl])キーを押すと連続していない複数の項目を選択できます。ただし、一番左側の[設定:]の部分をクリックする必要があります。

(Point)

よく使用する合成フォントは、ドキュメントを何も開いていない状態で作成しておくことで、以後新規で作成するドキュメントにおいて使用できます。

Part 3　テキストの効率ワザ［一般編］

Tip 26

テキストフレームをテキストがぴったり収まるサイズにしたい

［フレームを内容に合わせる］コマンドを実行する

テキストフレームのサイズが、テキストがぴったり収まるサイズになっていると便利なケースはよくあります。素早くサイズを調整するには、いくつかの方法があるので覚えておきましょう。

［フレームを内容に合わせる］コマンドを実行する

1 図のように、テキストフレーム内にアキがあるテキストフレームがあります。このテキストフレームのサイズをテキストがぴったり収まるサイズに調整していきましょう。

2 まず、選択ツールでテキストフレームを選択し、［コントロール］パネルの［フレームを内容に合わせる］ボタンをクリックします。

3 テキストがぴったり収まるよう、行送り方向（横組みの場合、高さ）のサイズが調整されます。なお、テキストが一行のみの場合には、字送り方向（横組みの場合、幅）のサイズも調整されます。

［ Point ］

［フレームを内容に合わせる］ボタンではなく、［オブジェクト］メニューから［オブジェクトサイズ調整］→［フレームを内容に合わせる］コマンドを実行してもかまいません。

ハンドルをダブルクリックする

1 今度は別の方法でサイズを調整してみましょう。選択ツールでテキストフレームを選択し、ハンドルをダブルクリックします。まずは、上辺中央のハンドルをダブルクリックしてみましょう。

2 すると、下辺が固定された状態で、サイズが調整されます。

3 では、手順を1つ戻り、今度は上辺中央のハンドルをダブルクリックしてみましょう。

4 すると、今度は上辺が固定された状態で、サイズが調整されます。つまり、ダブルクリックするハンドルの反対側のハンドルが固定された状態でサイズが調整されるということです。目的に応じて使い分けると良いでしょう。

Part 3 テキストの効率ワザ［一般編］

Tip 27

テキストの量に応じてテキストフレームを可変させたい

⬇

［ テキストフレームの自動サイズ調整を使用する ］

テキストに増減があった場合でも、常にテキストフレームのサイズが自動調整されるように設定しておくと、文字あふれが生じることがなく便利です。

1 選択ツールで目的のテキストフレームを選択し、［オブジェクト］メニューから［テキストフレーム設定］を選択します。

2 ［テキストフレーム設定］ダイアログが表示されるので、［自動サイズ調整］タブを選択し❶、［自動サイズ調整］を指定します。ここでは［高さのみ］を選択して❷、高さが自動調整されるように設定しています。なお、固定する基準点も指定できます。ここでは上部中央の基準点を選択しました❸。

[Point]

［自動サイズ調整］には［高さのみ］［幅のみ］［高さと幅］［高さと幅（縦横比を固定）］の4つが選択可能ですが、［高さと幅］と［高さと幅（縦横比を固定）］はサイズをコントロールしづらいため、実質的には横組みテキストで使用する［高さのみ］と、縦組みテキストで使用する［幅のみ］のいずれかを指定すると良いでしょう。

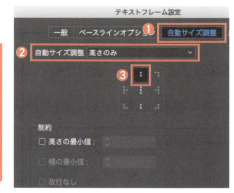

3 [OK]ボタンをクリックすると、テキストがぴったり収まるようテキストフレームのサイズが調整されます。

4 [自動サイズ調整]を設定したテキストフレームは、テキストの増減に応じて自動的にテキストフレームのサイズが変更されます。

5 なお、実際の作業で、その都度[テキストフレーム設定]ダイアログを開いていては面倒です。そこで、オブジェクトスタイルとして設定を保存しておきましょう。まず、[ウィンドウ]メニューから[スタイル]→[オブジェクトスタイル]を選択します。

6 [オブジェクトスタイル]パネルが表示されるので、[新規スタイルを作成]ボタンをクリックします。

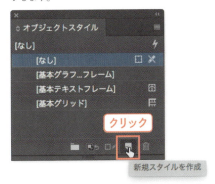

7 「オブジェクトスタイル1」という名前で新規オブジェクトスタイルが作成されるので、このスタイル名をダブルクリックします。

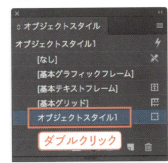

⑧ [オブジェクトスタイルオプション]ダイアログが表示されるので、[基本属性]の[テキストフレーム自動サイズ調整]をオンにして、それ以外の項目はオフにします❶。続けて[テキストフレーム自動サイズ調整]を選択し❷、[自動サイズ調整]と基準点を指定し❸、[OK]ボタンをクリックします。ここでは[自動サイズ調整]に「高さのみ」を選択し、上部中央の基準点を選択しました。

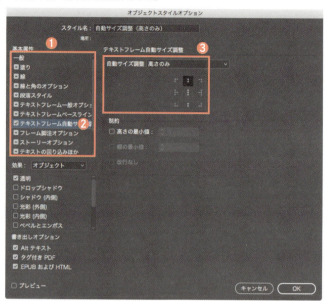

⑨ オブジェクトスタイルとして登録されます。同様の手順で「幅のみ」を指定したオブジェクトスタイルも作成しておくと良いでしょう。あとは、テキストフレームに対してこのオブジェクトスタイルを適用すれば、テキスト量に応じてサイズが可変するテキストフレームとなります。

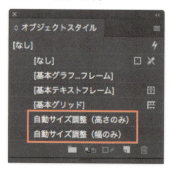

(Point)

ドキュメントを何も開いていない状態でオブジェクトスタイルを作成しておけば、以後、新規で作成するドキュメントすべてで、このオブジェクトスタイルを使用することができます。

Part 3　テキストの効率ワザ[一般編]

Tip 28

テキストの量に応じてページを自動的に増減させたい

⬇

[スマートテキストのリフロー処理の機能を使用する]

テキストに増減があった場合に、テキストの量に応じて自動的にページが増減すると便利なケースがあります。このような場合、プライマリテキストフレームを使用したスマートテキストのリフロー処理の機能を利用します。

新規ドキュメントにリフロー処理の機能を設定する

1 スマートテキストのリフロー処理の機能を利用することで、テキストの量に応じてページを自動的に増減させることが可能です。新規ドキュメントを作成する際に設定する方法と、あとから設定する方法があります。まずは、新規ドキュメントを作成する方法で設定してみましょう。まず、[新規ドキュメント]ダイアログで[プライマリテキストフレーム]をオンにして、新規ドキュメントを作成します。

2 ここでは、1ページのみのドキュメントを作成しました。

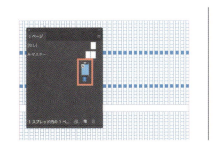

89

3 このドキュメントにテキストを配置します❶。すると、テキストがすべて収まるまで自動的にページを追加しながらテキストが配置されます❷。

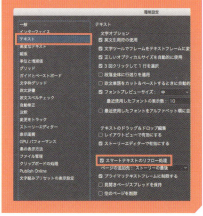

(Point)

自動的にページを増減させるには、[環境設定]ダイアログの[テキスト]カテゴリーで[スマートテキストのリフロー処理]がオンになっている必要があります。デフォルトではオンになっています。

ドキュメント作成後にリフロー処理の機能を設定する

1 今度は、ドキュメントを作成後に設定する方法でやってみましょう。まず、マスターページに移動し、フレームグリッド（あるいはプレーンテキストフレーム）を作成します。見開きドキュメントの場合には、左右のページのテキストフレームを連結しておきます。

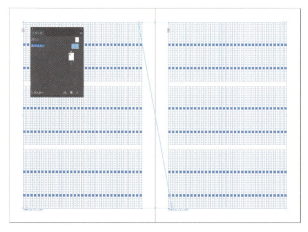

2 テキストフレームを選択すると、図のようなアイコンが表示されるので、クリックしてプライマリテキストフローにします。

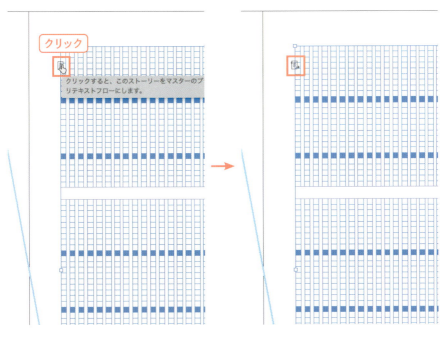

3 ドキュメントページに戻り、テキストを配置します❶。すると、テキストがすべて収まるまで、自動的にページが追加されます❷。

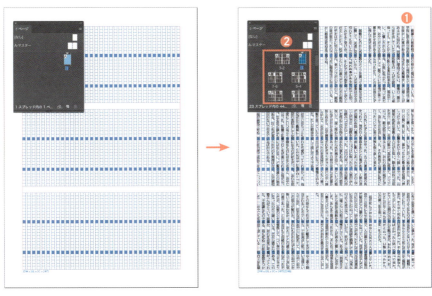

Part 3　テキストの効率ワザ［一般編］

Tip 29

条件に応じて文字を詰めたい

［ 目的に応じてさまざまな文字詰め機能を使用する ］

InDesignには、文字を詰めるための多くの機能が用意されています。どこに使用する文字なのか、どのような印刷物なのか等、目的に応じて最適な詰めの機能を使いこなせるようにしましょう。ここでは、「均等詰め」「プロポーショナル詰め」「手詰め」に分けて解説していきます。

均等詰め［トラッキング］を設定する

1. 均等に文字を詰める方法はいろいろありますが、昔からある一般的な方法として、トラッキングをマイナスに設定する方法があります。まず、文字ツールで均等に詰めたい文字を選択します。

InDesignのトラッキング

2. ［文字］パネル、あるいは［コントロール］パネルの［選択した文字のトラッキングを設定］にマイナスの値を入力します。

3. 設定した値で字間が均等に詰まります。なお、この機能は選択している文字すべてに対して適用されるため、欧文や半角数字も一緒に選択していると、詰まりすぎてしまうので注意しましょう。

InDesignのトラッキング

(Point)

トラッキングと同様の結果を得られる機能に［ジャスティフィケーション］ダイアログの［文字間隔］をマイナスにする方法もあります。

均等詰め［フレームグリッドの字間をマイナスに設定する］を設定する

1 フレームグリッドを使用している場合には、［字間］をマイナスに設定することで均等詰めが実現できます。まず、フレームグリッドを選択します。

InDesignのグリッド

2 ［オブジェクト］メニューから［フレームグリッド設定］を選択して［フレームグリッド設定］ダイアログを表示します。［字間］にマイナスの値を指定して［OK］ボタンをクリックします。図では、［字間］を「−1H」に設定しています。

3 フレームグリッド内のテキストが指定した値で均等詰めになります。なお、この機能では英数字には詰めが適用されません。均等詰めをしたい場合に一番お勧めの方法ですが、フレームグリッドでしか使用することができません。

InDesignのグリッド

プロポーショナル詰め［プロポーショナルメトリクス］を設定する

1 OpenTypeフォントを使用している時のみ使用できる機能に［プロポーショナルメトリクス］があります。フォントが内部に持つ詰め情報を参照して文字が詰まります。まず、目的のテキストを選択します。

プロポーショナルメトリクス

2 ［文字］パネルのパネルメニュー❶から［OpenType機能］→［プロポーショナルメトリクス］❷を選択します。

3 フォントの持つ詰め情報により、文字が詰まります。なお、詰め幅の調整はできません。

プロポーショナルメトリクス

プロポーショナル詰め[文字ツメ]を設定する

1 文字単位で適用できる詰めの機能に[文字ツメ]があります。「0～100%」の値で詰め幅を調整することもできます。まず、文字ツールで目的のテキストを選択します。

2 [文字]パネル、あるいは[コントロール]パネルの[文字ツメ]を設定します。値が大きくなるほど、詰めがきつくなります。ここでは「50%」に設定しました。

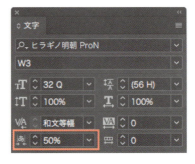

3 指定した値で文字が詰まります。この機能は、仮想ボディに対する字形の前後のアキ(サイドベアリング)を詰めてくれる機能です。そのため、適用した文字の前後のアキが詰まります。

プロポーショナル詰め[カーニング(オプティカル)]を設定する

1 [文字]パネルの[カーニング]では、数値を入力してカーニングする以外にも、[オプティカル][メトリクス][和文等幅]のいずれかを選択可能です。それぞれ、設定した内容に応じて字間が変わります。まず、[オプティカル]を適用してみましょう。目的のテキストを選択します。

2 [文字]パネルの[カーニング]に[オプティカル]を選択します。

3. すると、字間が変わります。実際にどれぐらいカーニングされたかは、目的の字間にキャレットを表示させることで、その値が（ ）付きで表示されます。図では、実際にどれぐらいカーニングされたかを数値で記入しています。なお、[オプティカル]はInDesignが文字の形に基づいて字間を調整してくれる機能です。詰まるところもあれば、逆に開くところもあります。

オプティカルの機能
−101　−80　−213 −184　−152　−28　−32　　4

プロポーショナル詰め[カーニング（メトリクス）]を設定する

1. 今度は[メトリクス]を適用してみましょう。まず、目的のテキストを選択します。

TypKitのフォント

2. [文字]パネルの[カーニング]に[メトリクス]を選択します。

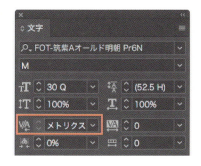

3. すると、フォントの持つペアカーニング情報に基づいて字間が調整されます。ペアカーニングとは、LA、To、Ty、Wa、Yo等、特定の文字の組み合わせのカーニング情報で、一般的に欧文に対して設定されています（図のように、和文フォントの平仮名やカタカナ部分にペアカーニング情報を持つフォントもあります）。

TypKitのフォント

4. オプティカル同様、適用された値が（ ）付きでフィールドに表示されますが、カーニング値が「0」にもかかわらず、カタカナ部分が詰まっているのが分かります。じつは、[メトリクス]適用すると、ペアカーニング情報で字間を詰めるだけでなく、同時にプロポーショナルメトリクスも適用されて字間が詰まります。つまり[メトリクス]とは、ペアカーニング情報＋プロポーショナルメトリクスで字間を調整する機能です（ただし、[文字]パネルの[OpenType機能]→[プロポーショナルメトリクス]がオンになるわけではありません）。

−40　0　　0　　0 0 0　　0　　0　　0　　0

5 しかし、[メトリクス]を適用した場合には注意すべきポイントがあります。例えば、「ォ」と「ン」の字間を手動でカーニングしてみましょう。すると、別の文字の字間も変わってしまいます。これは、手動で字間を調整したために[プロポーショナルメトリクス]の機能が外れてしまったためです。この現象を回避するためには、[文字]パネルの[OpenType機能]→[プロポーショナルメトリクス]も併せてオンにしておきます。

[Point]
[メトリクス]を適用した場合には、必ず[OpenType機能]→[プロポーショナルメトリクス]もオンにしておきます。

プロポーショナル詰め[カーニング（和文等幅）]を設定する

1 今度は、InDesignのデフォルト設定となっている[和文等幅]を適用してみましょう。まず、目的のテキストを選択します。

2 [文字]パネルの[カーニング]に[和文等幅]を選択します。

3 すると、欧文部分のみフォントの持つペアカーニング情報に基づいて字間が調整され、和文はベタ組みのままです。

字間を手動で詰める（手詰めする）

1 手詰めには、一般的に［カーニング］の機能を使用しますが、他にも［文字前(後)のアキ量］という機能も用意されています。この機能は、約物等のアキを部分的に調整する際に使用すると便利です。例えば、図のようなテキストの中黒を半角扱いとして組んでみましょう。まず、文字ツールで中黒を選択します。

2 ［文字］パネルの［文字前のアキ量］と［文字後のアキ量］をそれぞれ［自動］から［アキなし］に変更します。

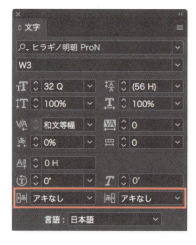

3 中黒の前後のアキが詰まり、半角扱いとなります。

[Point]

［文字前(後)のアキ量］の［アキなし］という項目は、CC 2013までは［ベタ］という表記になっていましたが、機能的には同じものです。なお、［文字前(後)のアキ量］では数値による指定はできず、ポップアップメニューから目的の項目を選んで適用します。

Part 3　テキストの効率ワザ［一般編］

Tip 30

連結したテキストフレームをバラバラにしたい

↓ スクリプトを利用する

InDesignには、あらかじめいくつかのスクリプトが用意されています。これらのスクリプトを使用することで、InDesignにデフォルトで用意されていない機能を補って、さまざまな処理を実現できます。

選択したテキストフレームの連結を解除する

1 図のように連結されたテキストフレームをテキストそのままで、テキストフレームの連結を解除してみます。

2 テキストフレームの連結を解除するだけであれば、各テキストフレームのインポート、あるいはアウトポートをダブルクリックすれば連結を解除できますが❶、テキストは前のテキストフレーム内に移動してしまいます❷。

3 そこでスクリプトを使用します。まず、[ウィンドウ]メニューから[ユーティリティ]→[スクリプト]を選択します。

4 [スクリプト]パネルが表示されるので、図の一番下のテキストフレームを選択して❶、[スクリプト]パネルの「アプリケーション」→「サンプル」→「JavaScript」内にある「BreskFrame.jsx」をダブルクリックします❷。

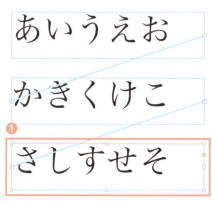

5 すると、選択していたテキストフレームとその前に連結されているテキストフレームの連結が切れます。テキストは元のテキストフレーム内に残ったままになります。

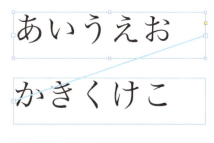

すべてのテキストフレームの連結を解除する

1 では、最初の状態に戻し、今度は図の一番下のテキストフレームを選択して、[スクリプト]パネルの「アプリケーション」→「サンプル」→「JavaScript」内にある「SplitStory.jsx」をダブルクリックします。

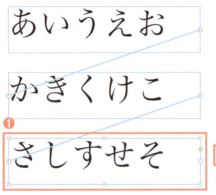
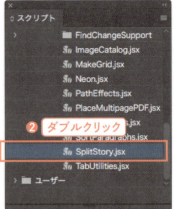

2 すると、選択していたテキストフレームに連結されているすべてのテキストフレームの連結が解除され、テキストはそのままテキストフレーム内に残ります。用途に応じて使い分けるとよいでしょう。

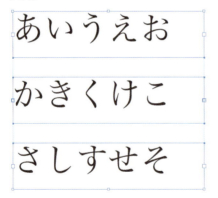

[Point]

「BreskFrame.jsx」や「SplitStory.jsx」以外にも、[スクリプト]パネルには有益なスクリプトが数多く用意されています。どのようなスクリプトがあるのか、いろいろと試してみると良いでしょう。

Tip 31 表中テキストを素早く差し替えたい

複数のセルを選択し、差し替え用のテキストをペーストする

あらかじめ、Excel等から差し替え用のテキストをコピーしておくことで、複数のセルを選択して、まとめてペースト（テキスト差し替え）することができます。

タブ区切りテキストをペーストする

1. ここでは、図のような表の白地部分のテキストを差し替えてみます。

2. まず、テキストエディタ等で、差し替え用の（タブ区切り）テキストをコピーしておきます。

3. 文字ツールでInDesignの表の差し替えたい部分のセルのみを選択します。ペーストを実行すると、選択していたセルのテキストが差し変わります。

結合セルやセル内改行があるExcelのテキストをペーストする

1 今度は、テキストエディタではなくExcelのセルを直接コピーしたものを使用してみましょう。図では、B2〜C6のセルを選択してコピーしました。

2 InDesignの表にペーストするとテキストが差し変わりますが、図のように余分な列ができてしまいました。これは、Excel上でセルが結合されていたことにより、タブや改行で区切られたコピー元のセルの数と、コピー先のセルの数が異なってしまったためです。Excelからペーストしても、コピー元とコピー先のセルの数が同じ場合にはまったく問題ありませんが、結合するなどしている場合には注意が必要です。

	Windows	Mac	
プロセッサー	Intel Pentium 4	Intel マルチコアプロセッサー	
OS	Windows 10 日本語版	macOS 10.10以降	
RAM	2GB以上（8GB以上を推奨)		
HD	2.6GB以上の空き容量のあるHD	2.5GB以上の空き容量のあるHD	
画面解像度	1,024×768以上（1,280×800以上を推奨)		

3 同様に、セル内に改行があるケースでもうまくいきません。この場合、セル内の改行を一時的に他の文字に置換し、InDesignに配置後に[検索と置換]の機能で改行に戻す必要があります。InDesignで作成した図のような表のテキストを、Excelのデータで差し替えてみましょう。

	Windows	Mac
プロセッサー	Intel Pentium 3 AMD Athlon 64	Intel マルチコアプロセッサー
OS	Windows 7 日本語版 Windows 8 日本語版	macOS 10.9 macOS 10.10
RAM	2GB以上	2GB以上
HD	1.8GB以上の空き容量のあるHD	2GB以上の空き容量のあるHD
画面解像度	1,024×768以上	1,024×768以上

4 ここでは、図のようなExcelのデータを使用します。

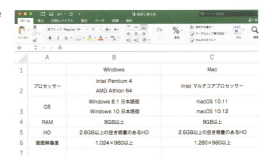

5 まず、新規で「Shee2」を作成し、「A1」のセルを選択して❶、関数として以下のテキストを入力します❷。
=SUBSTITUTE(Sheet1!A1,CHAR(13),"★")

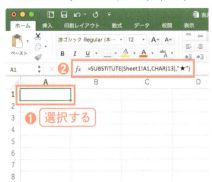

> **(Point)**
> 図の関数は、Mac版においてセル内の改行を「★」に置換するものです。Windows版のExcelでは、[置換]ダイアログで[検索する文字列]に「Ctrl＋J」と入力し、[置換後の文字列]の文字列に「★」を入力して置換すればOKです。もちろん、「★」ではなく、任意の文字を使用してもかまいません。

6 「A1」のセルを目的のセルにコピーします。すると、セル内の改行が「★」に置換された状態で、「Sheet1」のデータが表示されます。

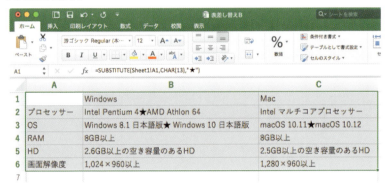

7 目的のセル（ここではB2-C6のセル）を選択してコピーします。

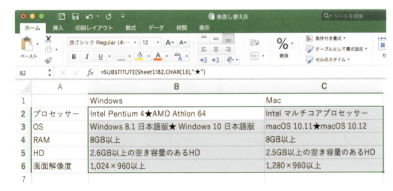

8　InDesignに切り替え、テキストを差し替えたいセルを選択してペーストします。すると、Excelのセル内テキストがペーストされます。

	Windows	Mac
プロセッサー	Intel Pentium 3 AMD Athlon 64	Intel マルチコアプロセッサー
OS	Windows 7 日本語版 Windows 8 日本語版	macOS 10.9 macOS 10.10
RAM	2GB以上	2GB以上
HD	1.8GB以上の空き容量のあるHD	2GB以上の空き容量のあるHD
画面解像度	1,024×768以上	1,024×768以上

↓

	Windows	Mac
プロセッサー	Intel Pentium 4★AMD Athlon 64	Intel マルチコアプロセッサー
OS	Windows 8.1 日本語版★ Windows 10 日本語版	macOS 10.11★macOS 10.12
RAM	8GB以上	8GB以上
HD	2.6GB以上の空き容量のあるHD	2.5GB以上の空き容量のあるHD
画面解像度	1,024×960以上	1,280×960以上

9　[編集]メニューから[検索と置換]を選択して[検索と置換]ダイアログを表示させたら、[テキスト]タブを選択し❶、[検索文字列]に「★」❷、[置換文字列]にはポップアップメニュー❸から[段落の終わり]を選択します❹。

10　置換を実行すれば、「★」が改行に置換されます。

	Windows	Mac
プロセッサー	Intel Pentium 4 AMD Athlon 64	Intel マルチコアプロセッサー
OS	Windows 8.1 日本語版 Windows 10 日本語版	macOS 10.11 macOS 10.12
RAM	8GB以上	8GB以上
HD	2.6GB以上の空き容量のあるHD	2.5GB以上の空き容量のあるHD
画面解像度	1,024×960以上	1,280×960以上

Part 3 　テキストの効率ワザ［一般編］

Tip 32

日付などの数字の桁数を揃えたい

［数字の間隔］スペースを使用する

異なる桁数の数字を揃えたい場合、タブ組みする等の方法がありますが、数が少ない場合には［数字の間隔］というスペースを使用すると便利です。

1 図のようなテキストの数字の桁数を揃えるためには、タブ組みをするか、あるいは欧文スペースを入力して、間隔を調整していた方も多いと思います。

9月5日購入＠8,000円
9月15日購入＠9,000円
10月5日購入＠10,000円
11月20日購入＠12,000円

3 すると、キャレットを表示させていた場所に数字の間隔のスペースが挿入されます。

9月5日購入＠8,000円
9月15日購入＠9,000円
10月5日購入＠10,000円
11月20日購入＠12,000円

2 InDesignでは、さまざまなスペースが入力できます。目的の位置（ここでは1行目の行頭）をクリックしてキャレットを表示させたら、［書式］メニューから［スペースの挿入］→［数字の間隔］を選択します。

4 [書式]メニューから[制御文字の表示]を実行してみると、図のように数字の間隔のスペースが挿入されているのが目視で確認できます。

#9月5日購入@8,000円¶
9月15日購入@9,000円¶
10月5日購入@10,000円¶
11月20日購入@12,000円#

5 同様の手順で、必要な箇所に[数字の間隔]のスペースを挿入します。

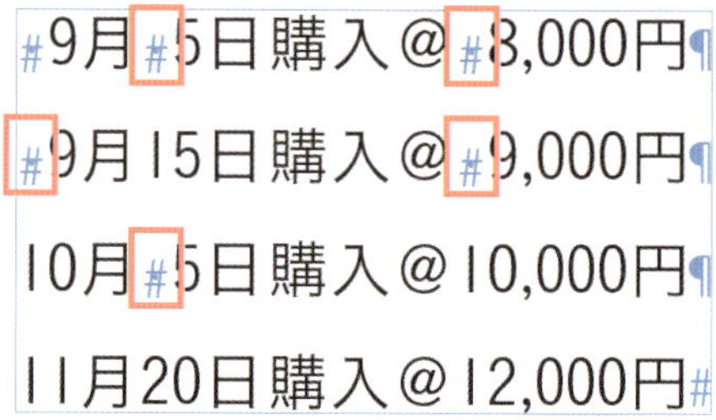

#9月#5日購入@#8,000円¶
#9月15日購入@#9,000円¶
10月#5日購入@10,000円¶
11月20日購入@12,000円#

6 制御文字を非表示にすると、きちんと数字の桁数が揃っているのが分かります。

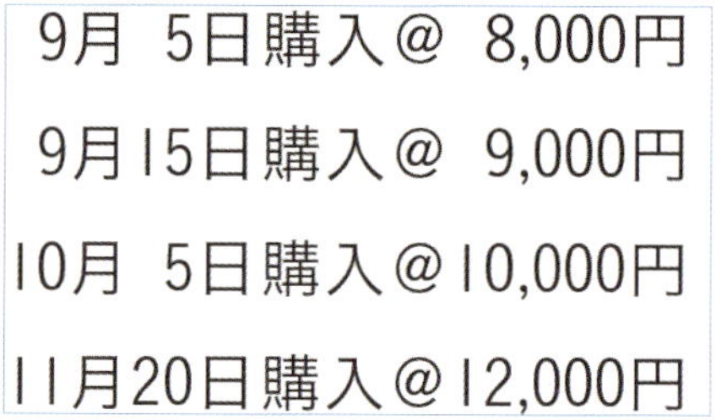

9月　5日購入@　8,000円
9月15日購入@　9,000円
10月　5日購入@10,000円
11月20日購入@12,000円

(Point)

[数字の間隔]のスペースの前後の文字によっては、文字組みアキ量設定の影響でアキが異なるケースも出てくるので注意してください。なお、[スペースの挿入]には[数字の間隔]以外にも、さまざまなスペースが用意されているので、目的に応じて使い分けてください。

Part 3　テキストの効率ワザ［一般編］

Tip
33

2倍ダーシを美しく組みたい

↓

［フォントやUnicode番号による違いを理解して組む］

ダーシ（ダッシュ）を美しく組むためにどうすればよいかは、元のテキストの状態や使用するフォントによっても異なりますが、ここではその特徴と例を示します。

1 一般的にダーシ（ダッシュ）として使用されている文字には、Unicode: 2014（EM DASH）、Unicode: 2015（HORIZONTAL BAR）、Unicode: 2500（BOX DRAWINGS LIGHT HORIZONTAL）の3種類があります。これらは、フォントによって長さや位置、太さが異なります（図では、5つのフォントでダーシを表示しています）。

2 これら3種類のダーシは、それぞれ文字組みアキ量設定における［文字クラス］が異なります。「Unicode: 2014」と「Unicode: 2015」は［分離禁止文字］、「Unicode: 2500」は［その他の和字］となるため、ダーシの前後の文字によってはアキが発生します。例えば、英数字の間に「Unicode: 2500」を使用すると、デフォルトの文字組みアキ量である［行末約物半角］を使用している場合には、ダーシの前後が四分アキとなります。

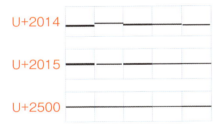

3 また、禁則処理設定の［分離禁止文字］には、デフォルトで「Unicode: 2014」しか登録されておらず、「Unicode: 2015」や「Unicode: 2500」を2つ並べて使用する場合に、行末で泣き別れになるケースが出てきます。これを避けるためには、新規で禁則処理セットを作成し、［分離禁止文字］に「Unicode:2015」や「Unicode: 2500」を追加する必要があります。

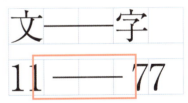

(Point)

実際の作業では、ダーシを1つひとつ設定していては手間がかかってしまいます。そこで、設定を文字スタイルとして登録し、さらに正規表現スタイルとして運用すると便利です。

4 さらに、縦組みで使用する際にも注意が必要です。それぞれ、縦組み用のダーシに置換されるのですが、「Unicode: 2015」と「Unicode: 2500」は、文字のほぼ中心に表示されるのに対し❶、「Unicode: 2014」は中心からずれて表示されます❷。そのため、縦組みで「Unicode: 2014」を使用したい場合には、ベースラインシフト等の機能で位置を調整する必要が出てきます。

5 「Unicode: 2014」では縦組みの際にずれが生じ、「Unicode: 2500」では文字クラスが［その他の和字］となるため、ここではダーシに「Unicode: 2015」を使用することとします。図は、フォントに「リュウミンL-KL」を使用していますが、リュウミンはダーシが仮想ボディいっぱいにデザインされているので❶、ここではちょっと長さの短い「ヒラギノ明朝W3」に変更します❷。

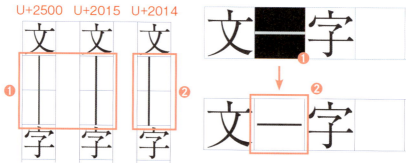

6 文字ツールでダーシを選択し、［水平比率］を200％に設定します❶。すると、ダーシの前後の文字とも適度なアキがある2倍ダーシが実現できます❷。この方法では、ダーシを1つだけ使用しているため、ダーシを2つ続けた場合に起きる可能性のある、ダーシ間のアキや泣き別れを避けることができます。

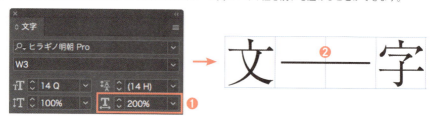

7 なお、仮想ボディいっぱいにデザインされたダーシを使用する場合には、［水平比率］を150〜190％❶、［字取り］を「2」❷に設定することで、2倍ダーシが実現できます❸。ただし、［字取り］を設定する方法はフレームグリッドでしか使用できません。また、［水平比率］は前後の文字とのアキを考慮して適切な値を設定する必要があります。

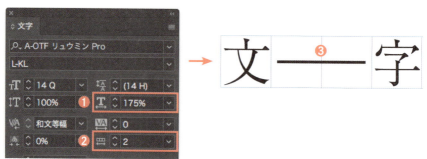

引用符を思い通りに組みたい

等幅全角字形を適用する

引用符も使用するフォントによって組版結果が異なります。また、縦組みではダブルミニュートやシングルミニュートを使用するのが一般的です。ここでは、引用符の特徴と組み方を示します。

横組み用の引用符を作成する

1. 横組みで二重引用符（ダブルクォーテーションマーク）を使用する場合、使用するフォントによって引用符の組版結果が異なります。これは、Adobe-Japan 1-5以降のフォントで、引用符のUnicodeマッピングが変更されたためです。Proフォントでは全角字形（U+201C CID+672・U+201D CID+673）、Pr5・Pr6・Pr6N ではプロポーショナル字形（U+201C CID+108・U+201D CID+122）となります。なお、プロポーショナル字形では、前後の文字が和文の場合、和欧間のアキ量が適用され字間が開きます。

リュウミン Pro R-KL
美しく"引用符"を組む
リュウミン Pr5 R-KL
美しく"引用符"を組む
リュウミン Pr6 R-KL
美しく"引用符"を組む
リュウミン Pr6N R-KL
美しく"引用符"を組む

2. 欧文組版であれば、プロポーショナル字形の引用符を使用すればよいですが、和文では全角字形の引用符として組みたいケースが出てきます。この場合、[文字ツール]で引用符を選択し❶、[字形]パネルのパネルメニュー❷から[等幅全角字形]を選択する❸ことで、全角字形の引用符に置換することができます❹。

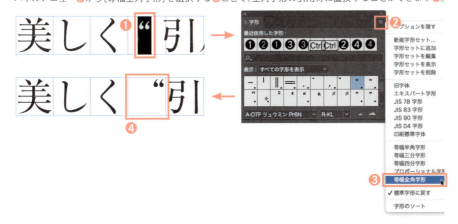

縦組み用の引用符を作成する

1 縦組みで引用符を使用すると、図のような組版結果となります。欧文であれば、図のようなプロポーショナルな引用符の字形でかまいませんが、和文の場合にはダブルミニュート（ノノカギ）やシングルミニュートを使用します。

2 縦組みの引用符を全角字形のダブルミニュートやシングルミニュートに置換するには、文字ツールで引用符を選択し❶、[字形]パネルのパネルメニュー❷から[等幅全角字形]を選択します❸。

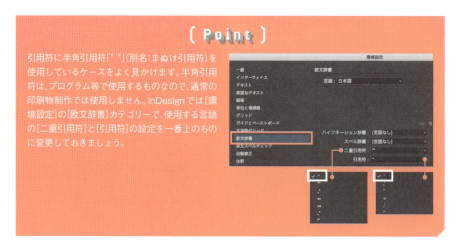

(Point)

引用符に半角引用符[" "]（別名：まぬけ引用符）を使用しているケースをよく見かけます。半角引用符は、プログラム等で使用するものなので、通常の印刷物制作では使用しません。InDesignでは[環境設定]の[欧文辞書]カテゴリーで、使用する言語の[二重引用符]と[引用符]の設定を一番上のものに変更しておきましょう。

3 選択していた字形が、全角字形のミニュートに置換されます。

4 同様の手順で、目的の引用符をすべて置換します。

(Point)

実際の作業では、引用符を1つひとつ設定していては手間がかかってします。そこで、設定を文字スタイルとして登録し、さらに正規表現スタイルとして運用すると便利です。

Part 3　テキストの効率ワザ［一般編］

同じようなデザインのフォントを素早く探したい

類似フォントを表示する

InDesign CC 2018では、類似フォントを表示する機能が追加され、さらにフィルターも搭載されています。また、Typekitフォントでは、目的に応じてフォントを絞り込むことができます。

フォントメニューから類似フォントを探す

1 似たフォントを素早く探したい場合には、目的のフォントを選択して、フォントメニューの［類似フォントを表示］ボタンをオンにします❶。図では、フォントに「Futura Std Book」を選択しています❷。

2 すると、フォントメニューには「Futura Std Book」に似たフォントのみがリストアップされます❶。なお、もう一度、同じボタンをクリックすれば❷、類似フォントを解除できます。

3 また、フォントのフィルタリングも可能になっています。フォントメニューの［フィルター］の［すべての分類］に目的の項目を選択します。

4 図では[スクリプト]を選択したので、自分の
PCにインストールされたスクリプトフォントのみがリストアップされます。

(Point)

類似フォントやフィルターの機能は、現時点では欧文フォントでしか使用できないので注意してください。

Typekitで目的のフォントを探す

1 Typekitでは、(2017年12月現在)10,000書体以上の欧文フォント、173書体の日本語フォントが使用可能となっています。これらのフォントの中から目的に合うフォントを探して使用することも可能です。まず、ブラウザでTypekitのサイトを表示します。InDesignのフォントメニューやCreative Cloudデスクトップツール等からアクセスできます。

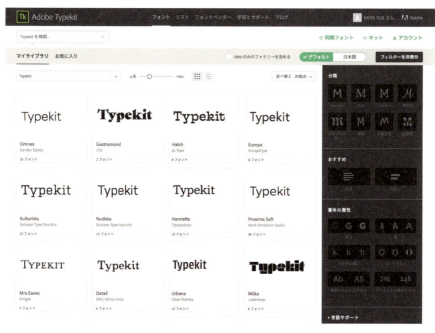

2 [デフォルト]を選択すれば欧文フォント、[日本語]を選択すれば和文フォントのみが表示されます❶。また、右側の[分類]や[書体の属性]でフォントを絞り込むことが可能です❷。図では、[分類]を「ブラックレター」、[書体の属性]で太さを指定して、フォントを絞り込んでいます。

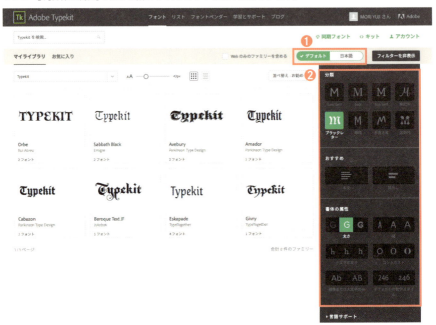

3 目的のフォントが見つかったら、同期を実行します。[すべてを同期]ボタンをクリックすれば❶、そのファミリーすべて、[同期]ボタンをクリックすれば❷、そのフォントのみが同期されます。図では、Aveburyを同期しようとしています。

4 同期が完了すると、フォントメニューから使用が可能になります。なお、[Typekitフォントを表示]ボタンをオンにしておくと❶、フォントメニューにはTypekitフォントのみが表示されます❷。

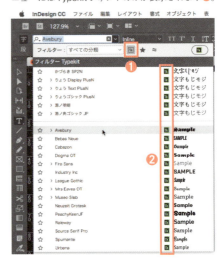

Part 3 テキストの効率ワザ［一般編］

Tip 36

文字に対して素早く囲み罫を設定したい

「kakomiCS5.jsx」を使用する

InDesignには、段落に対して囲み罫や背景色を適用する機能が用意されていますが、文字単位で囲み罫を適用する機能はありません。しかし、無償で配布されているスクリプト「kakomiCS5.jsx」を使用すれば、文字単位で囲み罫が適用できます。

1 まず、『ディザInDesign』というサイトから「文字に囲み罫を設定する」というスクリプト（無償）をダウンロードし❶、解凍します❷。
http://indesign.cs5.xyz/

2 ダウンロードしたスクリプトを使用するために、まず［ウィンドウ］メニューから［ユーティリティ］→［スクリプト］を選択します。

3 ［スクリプト］パネルが表示されるので、［ユーザー］フォルダーを選択して❶、パネルメニューから❷、［Finderで表示］を実行します❸。

4. Finderで[Scripts]フォルダー内の[Scripts Panel]フォルダー❶が表示されるので、この[Scripts Panel]フォルダー内に、解凍したスクリプト「kakomiCS5.jsx」を移動します❷。

5. InDesignの[スクリプト]パネルの[ユーザー]内にスクリプトが表示され、使用可能になります。

6. 文字ツールで枠囲みをしたい文字列を選択し❶、[スクリプト]パネルの「kakomiCS5.jsx」をダブルクリックします❷。

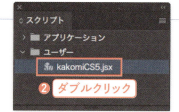

7. [囲み罫の設定]ダイアログが表示されるので、目的に合わせて各項目を設定し、[OK]ボタンをクリックします。

8. 選択していたテキストに対し、指定した内容で囲み罫が設定されます。

9. なお、文字数の増減があった場合でも、このスクリプトで作成した囲み罫は、行をまたいで適用されます。

(Point)

このスクリプトでは、[線幅]や[線種][線の色]等、さまざまな項目が設定できますが、詳細はダウンロード先のサイトの情報を確認してください。また、作成した囲み罫は、アンカー付きオブジェクトの機能等を高度に活用しているため、アンドゥを1回実行しただけでは、元の状態には戻せません。

Part 3 ── テキストの効率ワザ[一般編]

Tip 37

欧文を美しく組みたい

⬇

[欧文組版用に設定を変更する]

InDesignのデフォルト設定は、基本的に和文組版用になっています。そのため、欧文組版をする際には、いくつかの設定を変更しておくことで、美しく欧文を組むことが可能になります。

1　まず、[文字]パネルの設定を変更しておきましょう。[言語]に目的のもの(「英語:米国」等)を選択しておきます❶。また、[カーニング]はデフォルト設定の[和文等幅]から[メトリクス]に変更しておきます❷。

2　次は[段落]パネルの設定を変更します。パネルメニュー❶のコンポーザーを[Adobe欧文単数行コンポーザー]に変更します❷。これにより、[グリッド揃え]の種類、[行送りの基準位置][文字組みアキ量設定][禁則処理][文字ツメ][行取り]など、和文組版専用の機能はすべてスキップされます。

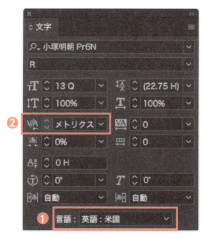

(Point)

[言語]に目的のものを選択しておかないと、ハイフネーション処理がきかない等の問題が生じます。また、[メトリクス]がどのような設定なのかは、p.95「プロポーショナル詰め[カーニング(メトリクス)]を設定する」の項目を参照してください。

(Point)

日本語用のコンポーザーがアキを文字間で調整しているのに対し、欧文のコンポーザーでは単語間スペースで調整しています。

3 さらに、[行送りの基準位置]❶を「欧文ベースライン」に変更します❷。これにより、欧文のベースラインを基準に行が送られます。

4 ハイフネーションの設定も変更をお勧めします。[段落]パネルのパネルメニュー❶から、[ハイフネーション設定]を選択します❷。

(Point)

[行送りの基準位置]を「欧文ベースライン」に変更しなくても、欧文用のコンポーザーに変更することで、実際には「欧文ベースライン」が適用されます。しかし、メニューの表示は変わらないので、変更しておくことをお勧めします。

5 [ハイフネーション設定]ダイアログが表示されるので、目的に応じて各項目を設定し、[OK]ボタンをクリックします。お勧めの設定は、[単語の最小も字数]を「6-7」、[先頭の後]を「3」、[最後の前]を「3」、[ハイフネーション領域]を「1-2」にしておきます。

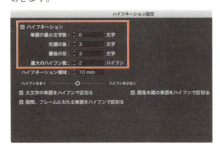

6 また、[オブジェクト]メニューにある[テキストフレーム設定]も変更しておくと良いでしょう。[ベースラインオプション]タブ❶にある[先頭ベースライン位置]の[オフセット]を[仮想ボディの高さ]から[アセント]に変更します❷。なお、テキストがすべて大文字の場合は、[オフセット]を[キャップハイト]に変更しておいても良いでしょう。

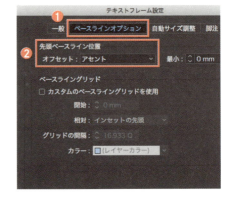

(Part)

テキストの効率ワザ
[スタイル編]

Part 4　テキストの効率ワザ［スタイル編］

複数の段落スタイルを一気にテキストに適用したい

［　次のスタイルの機能を利用する　］

InDesignには、［次のスタイル］という機能が用意されており、改行により段落が変わった際に、自動的に［次のスタイル］に設定した段落スタイルが適用されます。この機能を利用することで、一回の操作で複数の段落スタイルを適用することが可能になります。

1 図のように3つの段落スタイルを作成したドキュメントがあります。段落スタイル「A」はテキストの1行目、段落スタイル「B」はテキストの2行目、段落スタイル「C」はテキストの3行目に適用しています。

2 次に、段落スタイルに対して［次のスタイル］を設定します。まず、段落スタイル「A」をダブルクリックして、［段落スタイルの編集］ダイアログを表示させ、［次のスタイル］に「B」を指定して［OK］ボタンをクリックします。

3 今度は、段落スタイル「B」をダブルクリックして、［段落スタイルの編集］ダイアログを表示させ、［次のスタイル］に「C」を指定して［OK］ボタンをクリックします。つまり、段落スタイル「A」の［次のスタイル］に「B」、段落スタイル「B」の［次のスタイル］に「C」を設定したわけです。

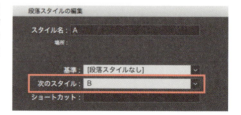

4 では、プレーンなテキストに対して、3つの段落スタイルを一気に適用してみましょう。文字ツールで目的のテキストを選択し、[段落スタイル]パネルの「A」の上で Ctrl ＋クリック（右クリック）します。表示される項目の中から["A"を適用して次のスタイルへ]を実行します❷。

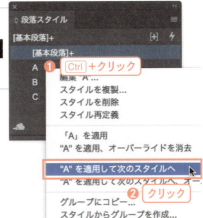

5 すると、選択していた3つの段落に対して、それぞれ「A」「B」「C」の3つの段落スタイルが一気に適用されます。

【 Point 】
[次のスタイル]の機能を活用するためには、A→B→Cといったように、適用する段落スタイルがトグル（切り替わる設定）している必要があります。

【 Point 】
[次のスタイル]は、テキストを入力する際にも使用できます。例えば、段落スタイル「A」を選択した状態でテキストを入力すると、もちろん段落スタイル「A」が適用された状態でテキストが入力されますが、改行した瞬間、自動的に段落スタイル「B」に切り替わり、段落スタイル「B」が適用された状態でテキストを入力できます。

Part 4　テキストの効率ワザ［スタイル編］

Tip 39

段落先頭から任意の文字まで自動で文字スタイルを適用したい

先頭文字スタイルの機能を利用する

先頭文字スタイルの機能を利用することで、段落の先頭から任意の文字のところまで、自動的に文字スタイルを適用することができます。テキストを修正した場合でも、自動的に文字スタイルが反映されるので、手作業によるミスを防ぐこともできます。

先頭文字スタイルを1つだけ設定する

1 すでに段落スタイル「本文」を適用している図のような対談記事があります。この名前部分のみ、書式を変更してみます。

2 図のように、文字スタイルを作成して手動で名前部分に適用していってもかまいませんが、数が多いとちょっと手間がかかってしまいます。

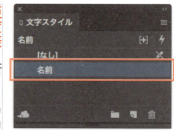

3 そこで、段落スタイル内に先頭文字スタイルを設定します。まず、テキストに適用している段落スタイル名(ここでは段落スタイル「本文」)をダブルクリックします。

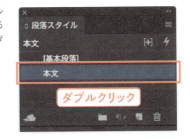

4 [段落スタイルの編集]ダイアログが表示されるので、左側のカテゴリーから[ドロップキャップと先頭文字スタイル]を選択し❶、[先頭文字スタイル]の[新規スタイル]ボタンをクリックします❷。

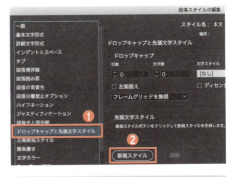

5 新規で先頭文字スタイルが指定可能になるので、適用する文字スタイルにあらかじめ作成しておいた文字スタイル(ここでは文字スタイル「名前」)を指定し❶、段落の先頭からどの文字までに対して文字スタイルを適用するかを、テキストフィールドで指定します。ここでは、テキストフィールドに全角スペースを入力し❷、[OK]ボタンをクリックします。

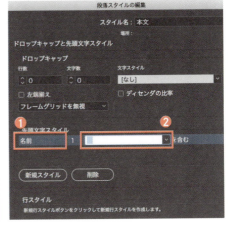

[Point]
先頭文字スタイルのテキストフィールドには、直接文字を入力する以外にも、ポップアップメニューから、目的のものを選んで使用することもできます。

[Point]
先頭文字スタイルでは[を含む]または[で区切る]のいずれかを選択できます。[を含む]を選択すると、テキストフィールドに入力した文字に対しても文字スタイルが適用されますが、[で区切る]を選択すると、テキストフィールドに入力した文字の前の文字までに対して文字スタイルが適用されます。

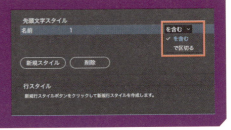

6. 段落の先頭から全角スペースが表示されるところまでに対して、自動的に文字スタイルが適用されます。

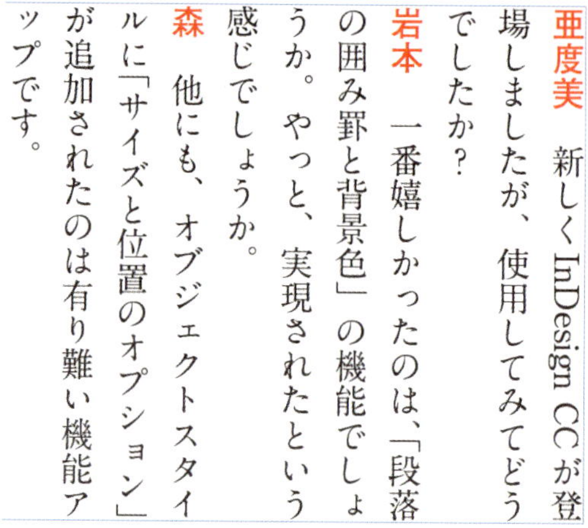

亜度美　新しくInDesign CCが登場しましたが、使用してみてどうでしたか？
岩本　一番嬉しかったのは、「段落の囲み罫と背景色」の機能でしょうか。やっと、実現されたという感じでしょうか。
森　他にも、オブジェクトスタイルに「サイズと位置のオプション」が追加されたのは有り難い機能アップです。

7. なお、テキストに変更があった場合でも、自動的に全角スペースを認識して文字スタイルが適用されるので、手作業による漏れも生じません。

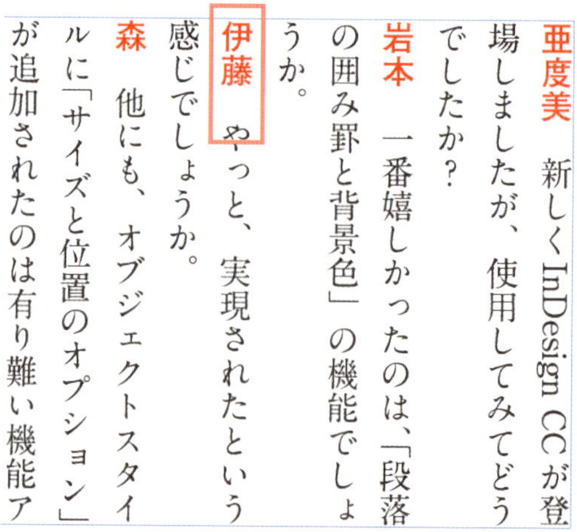

亜度美　新しくInDesign CCが登場しましたが、使用してみてどうでしたか？
岩本　一番嬉しかったのは、「段落の囲み罫と背景色」の機能でしょうか。
森　やっと、実現されたという感じでしょうか。
伊藤　他にも、オブジェクトスタイルに「サイズと位置のオプション」が追加されたのは有り難い機能ア

先頭文字スタイルを複数設定する

1. 先頭文字スタイルは、複数設定することも可能です。図のようなテキストの名前部分（起しの丸括弧の前まで）と丸括弧で挟まれた部分、さらに鍵括弧で挟まれた部分に先頭文字スタイルを設定してみましょう。

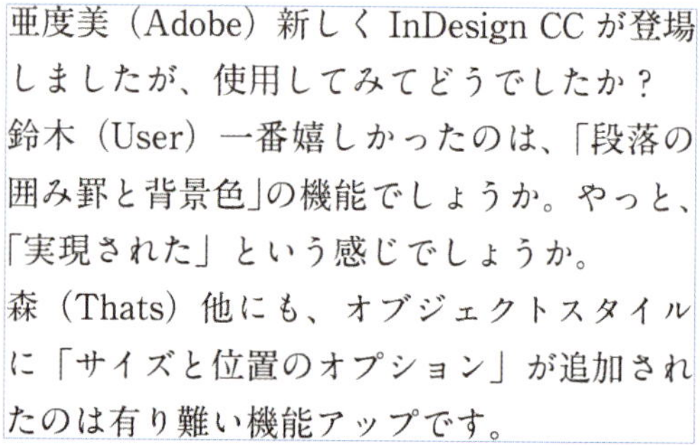

亜度美（Adobe）新しくInDesign CCが登場しましたが、使用してみてどうでしたか？
鈴木（User）一番嬉しかったのは、「段落の囲み罫と背景色」の機能でしょうか。やっと、「実現された」という感じでしょうか。
森（Thats）他にも、オブジェクトスタイルに「サイズと位置のオプション」が追加されたのは有り難い機能アップです。

2 テキストに適用している段落スタイル名(ここでは段落スタイル「本文」)をダブルクリックします。

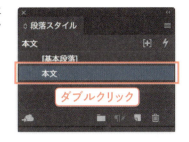

3 [段落スタイルの編集]ダイアログが表示されるので、左側のカテゴリーから[ドロップキャップと先頭文字スタイル]を選択し❶、[先頭文字スタイル]の[新規スタイル]ボタンをクリックします❷。

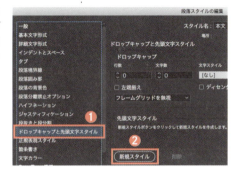

4 あらかじめ作成しておいた文字スタイル(ここでは文字スタイル「名前」)を指定し❶、段落の先頭からどの文字までに対して文字スタイルを適用するかを、テキストフィールドで指定します。ここでは、テキストフィールドに起しの丸括弧を入力し❷、[で区切る]を選択します❸。名前部分のみに文字スタイルが適用されたのが分かります。なお、[プレビュー]をオンにしておくと、テキストの状態を確認しながら作業できます。

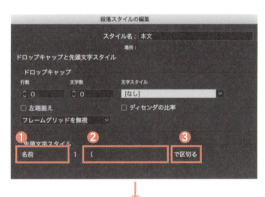

5 さらに[新規スタイル]ボタンをクリックして❶、丸括弧で挟まれた部分に対して設定を行います。あらかじめ作成しておいた文字スタイル(ここでは文字スタイル「会社」)を指定し❷、テキストフィールドに受けの丸括弧を入力し❸、[を含む]を選択します❹。丸括弧で挟まれた部分に対して文字スタイルが適用されたのが分かります。

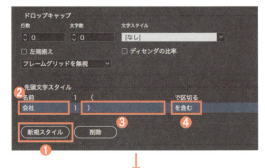

6 今度は、鍵括弧で挟まれた部分に文字スタイルを設定してみましょう。目的の鍵括弧は文中にあるので設定ができないように思われますが、[なし]という文字スタイルを使用することで、設定が可能になります。
[新規スタイル]ボタンをクリックして❶、文字スタイルに[なし]を指定し❷、テキストフィールドに起しの鍵括弧を入力し❸、[で区切る]を選択します❹。さらに、[新規スタイル]ボタンをクリックして❺、文字スタイルに鍵括弧で挟まれた部分に適用する文字スタイル(ここでは文字スタイル「青字」)を指定し❻、テキストフィールドに受けの鍵括弧を入力し❼、[を含む]を選択します❽。すると、鍵括弧で挟まれた部分に文字スタイルが適用されたのが分かります。

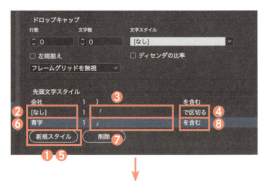

7 しかし、段落の先頭から2つ目の鍵括弧部分には文字スタイルが適用されていません。そこで、さらに[新規スタイル]ボタンをクリックして❶、文字スタイルに[繰り返し]を選択します❷。すると、段落の始めから2つ目以降の鍵括弧部分に対しても文字スタイルが適用されたのが確認できます。

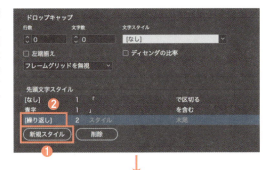

亜度美（Adobe）新しく InDesign CC が登場しましたが、使用してみてどうでしたか？
鈴木（User）一番嬉しかったのは、「段落の囲み罫と背景色」の機能でしょうか。やっと、「実現された」という感じでしょうか。
森（Thats）他にも、オブジェクトスタイルに「サイズと位置のオプション」が追加されたのは有り難い機能アップです。

[Point]
先頭文字スタイルで指定する文字スタイルに[なし]や[繰り返し]を使用することで、高度な先頭文字スタイルの運用が可能になります。

Part 4　テキストの効率ワザ［スタイル編］

Tip 40

条件に応じて自動的に文字スタイルを適用したい

⬇

［　正規表現スタイルの機能を利用する　］

正規表現スタイルの機能を利用することで、指定した正規表現にマッチする文字列に対して、自動的に文字スタイルを適用することができます。高度な書式運用が可能になるため、うまく活用すれば大幅な作業時間の短縮に繋がります。

鍵括弧で挟まれた部分に正規表現スタイルで文字スタイルを適用する

1 図のようなテキストの鍵括弧で挟まれた部分に対し、正規表現スタイルの機能を利用して文字スタイルを適用します。なお、テキストには「本文」という名前の段落スタイルが適用してあります。

正規表現を使用すると、通常の文字ではなく、文字のパターン（特徴）を指定することができます。「通常の文字」と「メタキャラクタ」と呼ばれる特別な意味を持つ記号を組み合わせて表記され、「検索や置換」等に利用することができます。表記の揺れを吸収して検索を行なったり、複数の異なる文字列を一括して置換することができます。

2 テキストに適用している段落スタイル（ここでは段落スタイル「本文」）をダブルクリックします。

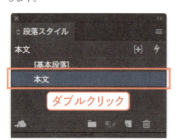

3 ［段落スタイルの編集］ダイアログが表示されるので、左側のカテゴリーから［正規表現スタイル］を選択し❶、［新規正規表現スタイル］ボタンをクリックします❷。

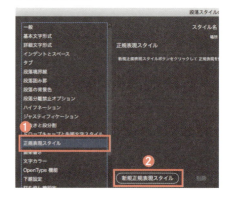

4 新規で正規表現スタイルが指定可能になるので、あらかじめ作成しておいた文字スタイル（ここでは文字スタイル「赤字」）を［スタイルを適用］に指定し❶、［テキスト］フィールドに正規表現を指定します。ここでは、鍵括弧で挟まれた部分に対して文字スタイルを適用したいので、まず鍵括弧「」を入力します❷。

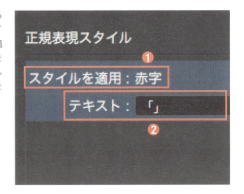

5 次に、キャレットを起こしと受けの鍵括弧の間に移動し❶、右側のポップアップメニュー❷から［ワイルドカード］→［文字］を選択します❸。

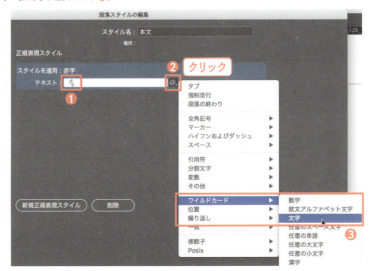

6 すると、ドット（.）が入力されます。このドットは文字としてのドットではなく、「文字」をあらわすメタキャラクターです。つまり、鍵括弧の間に文字が存在する文字列にマッチする正規表現ということです。

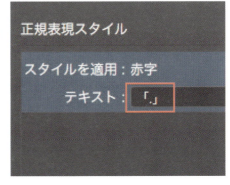

7 ただ、このままだと鍵括弧の間に文字が1文字の文字列しかヒットしないため、続けて、ポップアップメニュー❶から[繰り返し]→[1回以上(最小一致)]を選択します❷。

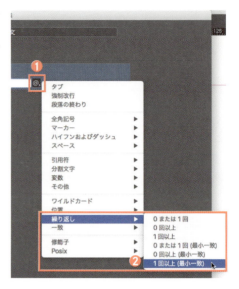

8 [テキスト]フィールドには「.+?」と表示されているはずです。これで、鍵括弧の間に文字が1文字以上ある文字列がヒットします。

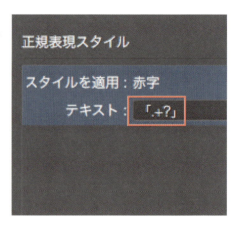

9 [OK]ボタンをクリックすると、鍵括弧で挟まれた文字列すべてに対して、指定した文字スタイルが適用されます。

正規表現を使用すると、通常の文字ではなく、文字のパターン（特徴）を指定することができます。「通常の文字」と「メタキャラクタ」と呼ばれる特別な意味を持つ記号を組み合わせて表記され、「検索や置換」等に利用することができます。表記の揺れを吸収して検索を行なったり、複数の異なる文字列を一括して置換することができます。

その他の正規表現スタイルの例

1 二桁数字を等幅半角字形に、三桁数字を等幅三分字形にする正規表現は以下のようになります。
- 2桁の数字のみをヒットさせる正規表現： (?<!\d)\d{2}(?!\d)
- 3桁の数字のみをヒットさせる正規表現： (?<!\d)\d{3 s }(?!\d)

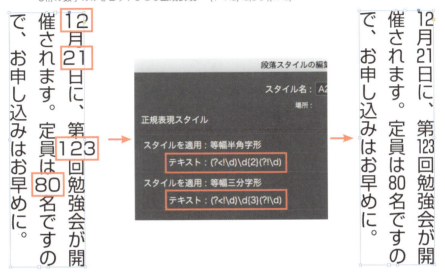

2 ひらがな・カタカナのみを[文字ツメ]の機能で詰める正規表現は以下のようになります。
- ひらがな＆カタカナをヒットさせる正規表現： [ぁ-ヾ]

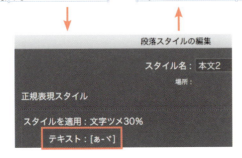

Part 4 テキストの効率ワザ[スタイル編]

Tip 41

複数のオブジェクトの見栄えをまとめてコントロールしたい

オブジェクトスタイルの機能を利用する

同じ塗りや線、効果を適用したオブジェクトは、オブジェクトスタイルを作成して管理すると、直しにも素早く対応できます。また、オブジェクトスタイルには段落スタイルの設定も可能なので、テキストフレームの見栄えだけでなく、テキストの見栄えもコントロールできます。

パスオブジェクトの見栄えをコントロールする

1 例えば、図のような図形の見栄え(線や塗り、ドロップシャドウ等)を他のオブジェクトにも使用します。

2 オブジェクトを選択したまま、[オブジェクトスタイル]パネルの[新規スタイルを作成]ボタンをクリックします。

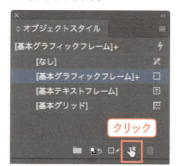

3 「オブジェクトスタイル1」という名前で新しくオブジェクトスタイルが作成されるので、このスタイル名をダブルクリックします。

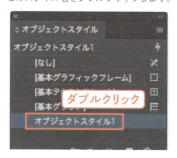

(Point)

オブジェクトスタイルが作成された段階では、選択していたオブジェクトと新しく作成されたオブジェクトスタイルは、まだリンクされていません。リンク付けするためにはオブジェクトスタイル名をクリックしますが、ここでは分かりやすい名前に変更しておきたいので、スタイル名をダブルクリックしています。

4 [オブジェクトスタイルオプション]ダイアログが表示されるので、[スタイル名]を入力して[OK]ボタンをクリックします。

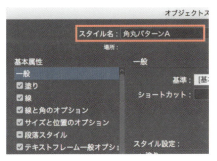

5 オブジェクトスタイルの名前が指定した名前に変更されます。

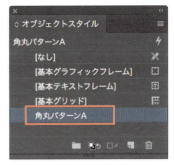

6 同じ見栄えを適用したい任意のオブジェクトを選択して❶、オブジェクトスタイル名（図では「角丸パターンA」）をクリックします❷。

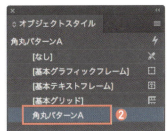

7 選択していたオブジェクトに対して、線や塗り、効果等の属性が適用されます。

8 修正が入った場合には、いずれかのオブジェクトを選択して属性を変更します。

9 修正したオブジェクトを選択したまま、[オブジェクトスタイル]パネルのパネルメニュー❶から[スタイル再定義]を実行します❷。

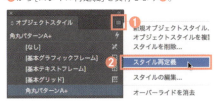

10 このオブジェクトスタイルを適用していたすべてのオブジェクトの属性が修正されます。

テキストフレームの見栄えをコントロールする

1. もちろん、テキストフレームにおいてもオブジェクトスタイルは有効です。塗りや線、効果等をテキストフレームに適用することができます。しかし、テキストフレームにオブジェクトスタイルを適用しても、デフォルト設定では図のようにテキストに変化はありません。

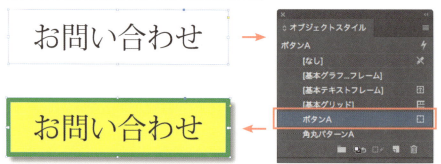

2. しかし、オブジェクトスタイル内に段落スタイルを指定しておくと、テキストフレーム内のテキストの見栄えもコントロールできます。目的のオブジェクトスタイル名をダブルクリックします。

3. [オブジェクトスタイルオプション]ダイアログが表示されるので、左側のカテゴリーから[段落スタイル]をオンにして❶、[段落スタイル]を指定します❷。ここでは、「タイトル」という名前の段落スタイルを指定しています。

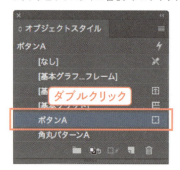
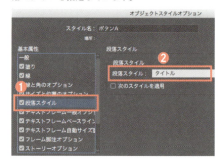

4. テキストフレーム内のテキストに対して、指定した段落スタイルが適用されます。

(Point)

[オブジェクトスタイルオプション]ダイアログの[段落スタイル]カテゴリーで[段落スタイル]を指定し、さらに[次のスタイルを適用]をオンにしておくと、[次のスタイル]が設定された段落スタイルを指定した場合に、複数の段落に対して一気に異なる段落スタイルを適用することも可能です。なお、[次のスタイル]の設定方法に関しては、p.120「複数の段落スタイルを一気にテキストに適用したい」の項目を参照してください。

フレームの位置やサイズをコントロールする

1. CC 2018からオブジェクトスタイルに[サイズと位置オプション]が追加されました。このオプションを設定しておくことで、オブジェクトのサイズと位置をコントロールすることができます。まず、目的のオブジェクトスタイル名をダブルクリックします。

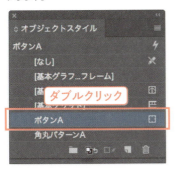

2. [オブジェクトスタイルオプション]ダイアログが表示されるので、左側のカテゴリーから[サイズと位置オプション]を選択します。

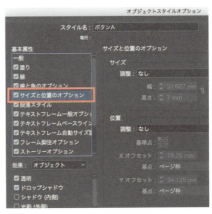

3. [サイズ]と[位置]が[なし]になっているので、目的に応じて[サイズ]と[位置]の値を指定します。ここでは、[サイズ]と[位置]を図のように設定し、[OK]ボタンをクリックします。

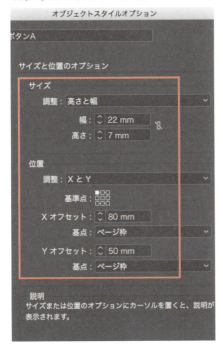

4. このオブジェクトスタイルを適用しているオブジェクトに対して、指定した[サイズ]と[位置]が適用されます。各ページの同じ位置に同じサイズでオブジェクトを作成したいようなケースで役立ちます。

[Point]

[サイズ]と[位置]の[調整]には、それぞれ図のような項目を選択できます。

Part 4　テキストの効率ワザ［スタイル編］

オブジェクトスタイルでサイズが可変するテキストフレームを実現したい

[テキストフレーム自動サイズ調整の機能を利用する]

オブジェクトスタイル内の［テキストフレーム自動サイズ調整］を設定することで、テキスト量に応じてフレームのサイズが可変するオブジェクトスタイルを作成できます。テキストのあふれが生じないので設定しておくと便利です。

1 図のような線や塗り、フレーム内マージンを設定したテキストフレームをオブジェクトスタイルに登録し、テキスト量に応じてフレームサイズが可変するオブジェクトスタイルを作成してみましょう。

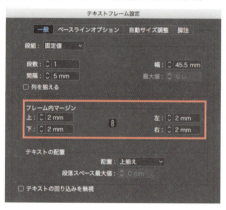

2 テキストフレームを選択したまま、［オブジェクトスタイル］パネルの［新規スタイルを作成］ボタンをクリックします。

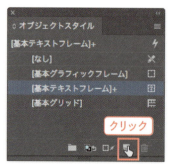

3 「オブジェクトスタイル1」という名前で新しくオブジェクトスタイルが作成されるので、このスタイル名をダブルクリックします。

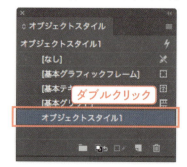

4. [オブジェクトスタイルオプション]ダイアログが表示されるので、[スタイル名]を入力したら❶、左側のカテゴリーから[テキストフレーム自動サイズ調整]を選択します❷。[自動サイズ調整]に[高さのみ]を選択し❸、固定する基準点を選択したら❹、[OK]ボタンをクリックします。

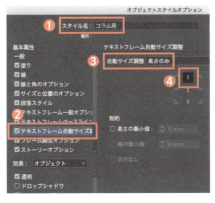

[Point]

[自動サイズ調整]では、[高さのみ][幅のみ][高さと幅][高さと幅(縦横比を固定)]のいずれかを選択可能ですが、[高さと幅]を選択しても思い通りに調整するのが難しいため、行送り方向(横組みでは高さ、縦組みでは幅)のみを調整するのがお勧めです。

5. オブジェクトスタイルが指定した名前に変更されます。

6. 目的のテキストフレームを選択し❶、オブジェクトスタイル名をクリックします❷。

7. テキストがぴったり収まるサイズでオブジェクトスタイルが適用されます。後からテキストの増減があった場合でも、フレームのサイズは自動的に調整されます。

キーボード操作で一気にスタイルを適用したい

スタイル内にショートカットを設定する

段落スタイルや文字スタイル、オブジェクトスタイル等、スタイルの機能にはショートカットを設定することが可能です。よく使用するスタイルには、ショートカットを指定しておくことで、素早くスタイルが適用できます。

1 目的のスタイル名（ここでは［段落スタイル］パネルの「本文」）をダブルクリックします。

2 ［段落スタイルの編集］ダイアログが表示されるので、［ショートカット］フィールドをクリックしてキャレットを表示させます。

3 ショートカットとして設定したいキーを押します。図では、Option＋⌘＋テンキーの1を押しています。なお、ショートカットとして使用できるのは、Shift Option ⌘、(Windows Shift Alt Ctrl)のいずれかの組み合わせにテンキーの数字キーを加えたものです。

4 ［OK］ボタンをクリックすると、ショートカットが設定され、使用可能になります。

[Point]

残念ながら、Num Lock キーがないPCの場合、スタイルにキーボードショートカットを追加することはできませんが、Karabiner等のツールを使用することで、スタイルにショートカットを設定することが可能になります。

Part 4　テキストの効率ワザ［スタイル編］

Tip 44

マーキングを基に一気にスタイルを適用したい

検索と置換の機能を利用する

ここは見出し、ここは小見出しといったように、あらかじめテキストにマーキングがされている場合、そのマーキングした文字を基に［検索と置換］の機能を利用してスタイルを適用することができます。手作業によるミスも減らすことができ、素早く作業を終えられます。

1 見出し部分の行頭に■をマーキングしたプレーンなテキストに対して、［検索と置換］の機能を利用して段落スタイルを適用してみましょう。なお、使用する段落スタイルはあらかじめ作成しておきます。ここでは「見出し」と「本文」という名前の段落スタイルを用意しました。

［ Point ］
マーキングに使用する文字（記号類）は何でもかまいませんが、実際のテキストに使用していない文字を使用します。なお、見出し以外にも、さまざま要素がある場合には、要素ごとに異なる文字をマーキングとして使用します。

■［基本段落］と［なし］
まず、InDesignを起動させ、［段落スタイル］パネルや［文字スタイル］パネルを表示させてください。［段落スタイル］パネルには［基本段落］、［文字スタイル］パネルには［なし］というスタイルが、あらかじめ用意されているのがわかります（図1参照）。これらのスタイルは削除することはできず、［なし］はその名のとおりスタイルが「ない」ことを意味しますが、［基本段落］はドキュメントのベースとなる段落スタイルであることを意味します。

■段落スタイルの使い方
同じ書式を他のテキストにも適用したいケースでは、段落スタイルを作成して使用すると便利です。「テキストに適用している書式を段落スタイルとして登録する」方法と、「新規で段落スタイルを作成し、その内容を指定していく」方法の2つがありますが、前者の方法の方が、テ

することで、次の段落のスタイルを高度に運用することが可能となります。

■スタイルの再適用
段落スタイルの内容を変更したい場合や、書式を追加したい場合には、わざわざ［段落スタイルの編集］ダイアログを開いて設定を変更する必要はありません。直接、テキストの書式を変更し、［段落スタイル］パネルから［スタイルの再適用］を実行します。

■クイック適用
スタイルを素早く適用できるよう、作業時には［段落スタイル］パネルや［文字スタイル］パネルを絶えず表示させた状態にしておくのがベストですが、なかなかそうはいかない場合もあるでしょう。そのような場合、キーボードの操作だけでスタイル適用が可能な「クイック適用」という機能を利用すると便利です。

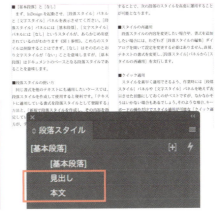

2 まず、テキストをすべて選択して、段落スタイル「本文」を適用します。

［ Point ］
先に本文用の段落スタイルを適用しておくことで、あとから段落スタイル「本文」を適用する手間を減らすことができます。

■［基本段落］と［なし］
まず、InDesignを起動させ、［段落スタイル］パネルや［文字スタイル］パネルを表示させてください。［段落スタイル］パネルには［基本段落］、［文字スタイル］パネルには［なし］というスタイルが、あらかじめ用意されているのがわかります（図1参照）。これらのスタイルは削除することはできず、［なし］はその名のとおりスタイルが「ない」ことを意味しますが、［基本段落］はドキュメントのベースとなる段落スタイルであることを意味します。

■段落スタイルの使い方
同じ書式を他のテキストにも適用したいケースでは、段落スタイルを作成して使用すると便利です。「テキストに適用している書式を段落スタイルとして登録する」方法と、「新規で段落スタイルを作成し、その内容を指定していく」方法の2つがありますが、前者の方法の方が、テキス

段落スタイルの内容を変更したい場合や、書式を追加したい場合には、わざわざ［段落スタイルの編集］ダイアログを開いて設定を変更する必要はありません。直接、テキストの書式を変更し、［段落スタイル］パネルから［スタイルの再適用］を実行します。

■クイック適用
スタイルを素早く適用できるよう、作業時には［段落スタイル］パネルや［文字スタイル］パネルを絶えず表示させた状態にしておくのがベストですが、なかなかそうはいかない場合もあるでしょう。そのような場合、キーボードの操作だけでスタイル適用が可能な「クイック適用」という機能を利用すると便利です。

■オーバーライドを消す
意図してオーバーライドした場合はよいのですが、意図しない箇所がオーバーライドになっていたり、

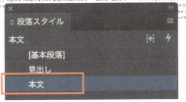

3 [編集]メニューから[検索と置換]を選択します。

4 [検索と置換]ダイアログが表示されるので、[テキスト]タブを選択し❶、[検索文字列]に■を入力します❷。

5 次に[置換形式]の[変更する属性を指定]ボタンをクリックします。

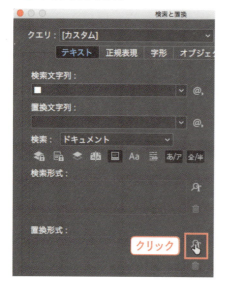

6 [置換形式の設定]ダイアログが表示されるので、[段落スタイル]に適用したい段落スタイル(ここでは「見出し」)を指定して[OK]ボタンをクリックします。

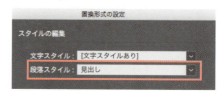

7 [検索と置換]ダイアログに戻るので、[すべてを置換]を実行します。もちろん、[置換して検索]ボタンを押して、1つずつ確認しながら作業してもかまいません。

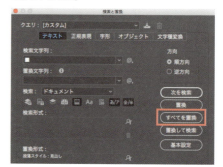

8 いくつ置換できたかをあらわすダイアログが表示されるので、[OK]ボタンをクリックしてダイアログを閉じます。

9 ■がマーキングされていた段落に対して、指定した段落スタイルが適用されます。

10 次に■を削除します（削除する必要がない場合は、以下の手順は不要です）。[検索と置換]ダイアログで[置換形式]の[指定した属性を消去]ボタンをクリックします。

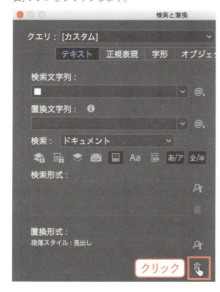

11 [置換形式]が削除されるので❶、[すべてを置換]ボタンをクリックして❷、置換を実行します。

12 いくつ置換できたかをあらわすダイアログが表示されるので、[OK]ボタンをクリックしてダイアログを閉じます。

13 見出しの行頭に付いていた■がすべて消去されます。

141

Part 4　テキストの効率ワザ［スタイル編］

WordのスタイルをInDesignのスタイルに置換して読み込みたい

[Wordのスタイルをマッピングして読み込む]

Word上でテキストにスタイルを設定してある場合、InDesignに読み込む時に、InDesignのスタイルにマッピングして配置することが可能です。Wordのスタイルを活用できるため、スタイル適用を素早く終わらせることができます。

1. 図は、Word上で「スタイル1」「スタイル2」「スタイル3」という3つのスタイルが設定してあるドキュメントです。このドキュメントをInDesignに読み込んでみましょう。

2. InDesignドキュメントに切り替え、[ファイル]メニューから[配置]を実行します。

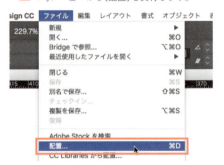

3. [配置]ダイアログが表示されるので、目的のWordファイル（ここでは「wordtext.docx」）を選択したら❶、[読み込みオプションを表示]をオン❷、[グリッドフォーマットの適用]をオフにして❸、[開く]ボタンをクリックします。

4. [Microsoft Word読み込みオプション]ダイアログが表示されるので、[スタイル読み込みをカスタマイズ]をオンにして❶、[スタイルマッピング]ボタンをクリックします❷。

5. [スタイルマッピング]ダイアログが表示されるので、WordのスタイルをInDesignのどのスタイルにマッピングするかを指定します。ここでは、「スタイル1」を「見出し」、「スタイル2」を「小見出し」、「スタイル3」を「本文」にマッピングしました。

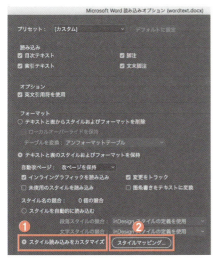

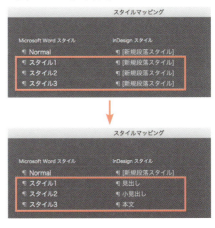

6. [OK]ボタンをクリックすると、[Microsoft Word読み込みオプション]ダイアログに戻るので、さらに[OK]ボタンをクリックすると、テキストが配置できます。

(Point)

あらかじめ、InDesign上で、Wordのスタイルをマッピングするための段落スタイルを作成しておく必要があります。

7. テキストがオーバーライドされて読み込まれている箇所があるので、文字ツールでテキストをすべて選択して❶、[段落スタイル]パネルの[選択範囲のオーバーライドを消去]ボタンをクリックします❷。

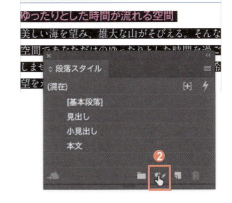

8. InDesignの段落スタイルが、きちんと適用された状態になります。これでできあがりです。

Part 4　テキストの効率ワザ[スタイル編]

Tip **46**

スタイルが適用された状態でテキストを流し込みたい

⬇

[　タグ付きテキストを読み込む　]

InDesignドキュメントにタグ付きテキストを読み込むことで、スタイル等、テキストに書式が設定された状態で取り込むことが可能です。そのため、テキストの段階でタグ付けしておけば、大幅な作業時間の短縮が可能になります。

1 まず、タグ付きテキストがどのような構造になっているかを確認するため、3つの段落スタイル(見出し・小見出し・本文)を適用した図のようなドキュメントから、タグ付きテキストを書き出してみましょう。

2 文字ツールでテキストフレーム内をクリックしてキャレットを表示させ、[ファイル]メニューから[書き出し]を実行します。

3 [書き出し]ダイアログが表示されるので、任意の名前を入力し(ここでは「sample.txt」)❶、[形式]に[Adobe InDesign タグ付きテキスト]を選択して❷、[保存]ボタンをクリックします。

[Point]
テキストフレーム内にキャレットを表示させた状態で[書き出し]を実行しないと、[形式]に[Adobe InDesign タグ付きテキスト]の項目は表示されません。

4 [Adobe InDesignタグ書き出しオプション]ダイアログが表示されるので、[タグ形式]を選択し❶、[エンコーディング]に任意の項目を選択します❷。ここでは、[冗長]と[Shift_JIS]を選択して[OK]ボタンをクリックします。

(Point)

[タグ形式]には[冗長]と[略書き]のいずれかを選択できますが、どちらを選択してもかまいません。[略書き]を選択すると、タグの名前が簡略化されて書き出されます。また、作例では[エンコーディング]に[Shift_JIS]を選択していますが、[ASCII]や[Unicode]を選択してもかまいません。

5 指定した場所に、指定した名前でタグ付きテキストが書き出されます。テキストを見ると分かりますが、1行目にはエンコーディングが記述され❶、2行目以降にはInDesignの設定内容が書き出されます❷。そして、最後の方に実際のテキストがタグ付きで記述されています❸。また段落スタイルは、<ParaStyle:見出し>といったようなタグになっているのが確認できます。つまり、行頭に<ParaStyle:見出し>というタグを付けておけば、InDesignに読み込んだ時に、その段落スタイルが適用されるというわけです。

```
<SJIS-MAC> ❶
<Version:13><FeatureSet:InDesign-Japanese><ColorTable:=<C\=100 M\=60 Y\=0 K\=0:COLOR:CMYK:Process:
1,0.6,0,0><Black:COLOR:CMYK:Process:0,0,0,1>>
<DefineParaStyle:NormalParagraphStyle=<Nextstyle:NormalParagra
phStyle><bulFont:\<TextFont\>><bulTypeFace:\<TextStyle\>>>
<DefineParaStyle:本文=<BasedOn:NormalParagraphStyle><Nextstyle:
本文><cTypeface:M><cLeading:14.173228><cFont:A-OTF 秀英明朝
Pr6N>>
<DefineParaStyle:見出し=<BasedOn:本文><Nextstyle:見出し
><cColor:C\=100 M\=60 Y\=0 K\=0><cTypeface:EB><cSize:
12.755905><cLeading:17.007874><cFont:A P-OTF 凸版文久見出明
StdN><cMojikumi:0>>
<DefineParaStyle:小見出し=<BasedOn:本文><Nextstyle:小見出し
><cTypeface:B><cSize:10.629921><cFont:A-OTF 秀英角ゴシック金
Std>>
<ParaStyle:見出し>InDesignタグとは
<ParaStyle:小見出し>タグ付きテキスト                      ❸
<ParaStyle:本文>タグとは、情報の始まりと終わりを示す記号です。タグ
付けを行うことで単なる文字列が情報（コンテンツ）となります。
```

6 今度は、このテキストを編集してInDesignに読み込んでみましょう。図のようにテキストの内容を変更して保存します。

(Point)

すでに段落スタイル等を設定済みのドキュメントにタグ付きテキストを読み込む際には、2行目以降から実際のテキストまでのInDesignの設定に関する記述部分は必要ありません。

```
<SJIS-MAC>
<Version:13><FeatureSet:InDesign-Japanese><ColorTable:=<C\=100 M\=60 Y\=0 K\=0:COLOR:CMYK:Process:
1,0.6,0,0><Black:COLOR:CMYK:Process:0,0,0,1>>
<DefineParaStyle:NormalParagraphStyle=<Nextstyle:NormalParagra
phStyle><bulFont:\<TextFont\>><bulTypeFace:\<TextStyle\>>>
<DefineParaStyle:本文=<BasedOn:NormalParagraphStyle><Nextstyle:
本文><cTypeface:M><cLeading:14.173228><cFont:A-OTF 秀英明朝
Pr6N>>
<DefineParaStyle:見出し=<BasedOn:本文><Nextstyle:見出し
><cColor:C\=100 M\=60 Y\=0 K\=0><cTypeface:EB><cSize:
12.755905><cLeading:17.007874><cFont:A P-OTF 凸版文久見出明
StdN><cMojikumi:0>>
<DefineParaStyle:小見出し=<BasedOn:本文><Nextstyle:小見出し
><cTypeface:B><cSize:10.629921><cFont:A-OTF 秀英角ゴシック金
Std>>
<ParaStyle:見出し>InDesignの文字組み
<ParaStyle:小見出し>美しく文字を組むためには
<ParaStyle:本文>InDesignのデフォルト設定そのままで文字を組んでも美
しい文字組みは実現できません。文字組みアキ量等、目的に応じてカスタ
マイズして使用します。
```

7 編集したタグ付きテキストを InDesign に配置します。すると、きちんと段落スタイルが適用された状態で配置されます❶。なお、段落スタイルには、読み込んだことをあらわす記号が表示されます❷。

❶ InDesignの文字組み

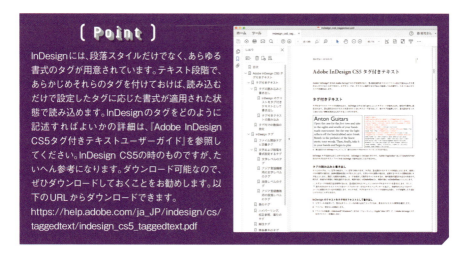

(Point)

InDesignには、段落スタイルだけでなく、あらゆる書式のタグが用意されています。テキスト段階で、あらかじめそれらのタグを付けておけば、読み込むだけで設定したタグに応じた書式が適用された状態で読み込めます。InDesignのタグをどのように記述すればよいかの詳細は、『Adobe InDesign CS5タグ付きテキストユーザーガイド』を参照してください。InDesign CS5の時のものですが、たいへん参考になります。ダウンロード可能なので、ぜひダウンロードしておくことをお勧めします。以下のURLからダウンロードできます。

https://help.adobe.com/ja_JP/indesign/cs/taggedtext/indesign_cs5_taggedtext.pdf

Part 5

ドキュメント・ファイルの効率ワザ

Part 5　ドキュメント・ファイルの効率ワザ

Tip 47

ドキュメント・ファイルの基本

InDesignでドキュメントを扱う際の基本的な約束事として、作成したバージョンと開くバージョンを合わせる必要があります。異なるバージョンで作業をすると、文字組み等が変わったりする可能性があるので注意が必要です。

InDesignのファイル形式とバージョン

1 InDesignの拡張子は「.indd」となっており、InDesign以外のアプリケーションでは開くことができません。また、バージョンにも注意して作業する必要があり、作成されたバージョンと同じバージョンで開くようにします。異なるバージョンで開いた場合、元の体裁を保持して開くことができる保証はないので注意が必要です。なお、ドキュメントがいつ、どのようなバージョンで作成され、どのようなバージョンで再保存されたかのドキュメントの履歴を確認することもできます。ドキュメントを開いた状態で⌘キーを押しながら、[InDesign CC]メニューから[InDesignについて](Windowsの場合はAltキーを押しながら、[ヘルプ]メニューから[InDesignについて])を実行します。

2 [Adobe InDesign コンポーネント情報]が表示されるので、左下の[ドキュメントヒストリー]を確認します。これまでのドキュメントの履歴を確認できます。

(Point)
使用するInDesignのバージョンは、[InDesign CC]メニュー(Windowsの場合は[ヘルプ]メニュー)から[InDesignについて]を実行することでも確認できます。

アプリケーションデフォルトについて

Illustratorの場合、ドキュメントを何も開いていない状態では、各パネルの項目はグレーアウトして操作することができません。これに対し、InDesignではドキュメントを何も開いていない状態であっても、各パネルの項目を設定することができます。この何も開いていない状態で設定した内容は、以後、新規でドキュメントを作成する際のデフォルトの設定として使用されます。これをアプリケーションデフォルトと呼びます。

ドキュメントデフォルトについて

アプリケーションデフォルト対し、ドキュメントを何か開いている状態で設定した内容は、そのドキュメントだけのデフォルト設定となります。この設定をドキュメントデフォルトと呼びます。

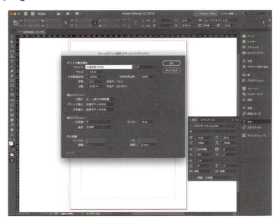

(Point)

ドキュメントを何も開いていない状態で、ベースとなる設定を行っておくのはもちろん、文字組みアキ量設定やスウォッチ、オブジェクトスタイル、グリッドフォーマット等、日頃よく使用する設定を読み込んでおくと便利です。InDesignの多くのパネルには、設定を読み込むための[読み込み]ボタンが用意されています。図は、InDesignの[スウォッチ]パネルですが、[スウォッチの読み込み]コマンドを実行することで、IllustratorやPhotoshopから書き出したスウォッチの設定を読み込むことが可能です。

さまざまなプリセットの活用

1 InDesignでは、ドキュメントプリセットやプリントプリセット、PDF書き出し等、さまざまなプリセットを活用できます。よく使う設定をプリセットとして保存しておけば、素早く呼び出して使うことができます。ここでは、新しくドキュメントプリセットを作成してみましょう。まず、[ファイル]メニューから[ドキュメントプリセット]→[定義]を選択します。

3 [新規ドキュメントプリセット]ダイアログが表示されるので、目的に応じて各項目を設定し、[OK]ボタンをクリックします。

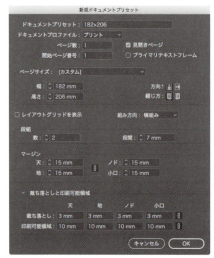

2 [ドキュメントプリセット]ダイアログが表示されるので、[新規]ボタンをクリックします。

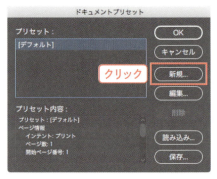

4 [ドキュメントプリセット]ダイアログに戻りますが、新しく設定した内容が保存されているのを確認できます❶。[OK]ボタンをクリックして❷、ダイアログを閉じます。

5 このプリセットを使用したい場合には、[ファイル]メニューの[ドキュメントプリセット]から選択します。

Part 5　ドキュメント・ファイルの効率ワザ

Tip 48

作成したバージョンでInDesignを起動する

⬇

[**Glee for InDesignを使用する**]

前項でも述べましたが、InDesignではドキュメントを作成したバージョンと同じバージョンで開いて作業をする必要があります。しかし、ついついファイルをダブルクリックしてしまい、現在、起動しているバージョンで作業して保存してしまったといったことも起こりがちです。このようなトラブルを防ぐためにお勧めなのが「Glee」というソフトウェアです。

1 「Glee」というソフトウェアは、ものかのさんという方が無償で配布されているフリーウエアです。残念ながらWindowsでは使用できませんが、Macユーザーには必須と言っても過言ではないソフトウェアです。まずは、ものかのさんのサイトに行って、Gleeをダウンロードします。以下のURLを表示したら、[最新ダウンロード]をクリックします。
http://tama-san.com/glee/

2 ダウンロードページが表示されるので、自分のOSに合うGleeをダウンロードします。

3 ダウンロードしたGleeをインストールします。なお、インストール方法等の詳細は、サイト上で確認してください。

151

4. InDesignファイルをダブルクリックすると、Gleeが起動し、どうするかを聞いてきます。図のケースの場合、開こうとしているドキュメントはCC 2017(12.x)で作成されていますが、現在起動しているのはCC 2018であることが確認できます。そのため、同じバージョンで作業するのであれば[CC 2017で開く]をクリックし、他のバージョンで開きたい場合には、そのバージョンを選択してファイルを開きます。
このように、Gleeをインストールしておくことで、誤って異なるバージョンで作業してしまうリスクを減らすことができるので、ぜひインストールしておきましょう。

(Point)
新しいバージョンのInDesignをインストールすると、基本的にファイルアイコンは最新のInDesignのものになってしまいます。そのため、ファイルアイコンを見ただけでは、バージョンの判別がつきません。しかし、Gleeをインストールすることによって、ファイルアイコンが保存時のバージョンに変わります。

(Point)
現在、ものかのさんのサイトでは、Illustratorのバージョンを判別する「Glee Ai」も無償で配布されています。Mac版のみですが、こちらもぜひダウンロードしておきましょう。
http://tama-san.com/glee-ai/

また、筆者のサイトでは、他にも有益なスクリプトを配布しているサイトを数多くご紹介しています。Glee以外にもInDesignで使える便利なスクリプトはたくさんありますので、ぜひチェックしてみてください。
http://study-room.info/id/relatedinfo/link/

Part 5　ドキュメント・ファイルの効率ワザ

Tip 49

下位バージョンのInDesignでファイルを開けるようにしたい

↓

[**IDMLに書き出す**]

基本的に上位互換のInDesignでは、ドキュメントを作成したバージョンよりも古いバージョンでは開くことができません。そのような場合には、下位バージョンで開くことのできる形式（拡張子.idml）に書き出して使用します。

1 目的のドキュメントを開いた状態で［ファイル］メニューから［書き出し］を選択します。なお、［ファイル］メニューから［別名で保存］を選択してもかまいません。

2 ［書き出し］ダイアログが表示されるので、［形式］に［InDesign Markup(IDML)］を選択したら❶、［名前］❷と［場所］❸を指定して［保存］ボタンをクリックします。

3 指定した場所に「拡張子.idml」のファイルが書き出され、CS4以降のInDesignで開くことができます。ただし、そのバージョン以降に搭載された新機能はスキップされ、元の状態を完全に再現できるわけではありません。やむを得ないケース以外での使用はお勧めできないので注意してください。

(Point)

なお、CS6以降のCreative Cloud版を使用している場合には、ドキュメントを下位バージョンで開こうとすると、図のようなメッセージが表示され、［変換］ボタンを押すことで、そのままファイルを開くこともできます（バックグラウンドで変換が行われます）。

Part 5　ドキュメント・ファイルの効率ワザ

Tip 50

ショートカットのないコマンドにショートカットを割り当てたい

↓

[カスタムでキーボードショートカットを作成する]

InDesignでは、すべてのコマンドにキーボードショートカットが設定されているわけではないため、良く使用するコマンドにショートカットがないと作業効率が落ちてしまします。このような場合には、カスタムでキーボードショートカットのセットを作成します。

1 カスタムでキーボードショートカットを作成するには、まず[編集]メニューから[キーボードショートカット]を選択します。

2 [キーボードショートカット]ダイアログが表示されるので、[新規セット]ボタンをクリックします。

3 [新規セット]ダイアログが表示されるので、任意の[名前]を入力し❶、[元とするセット]を選択して❷、[OK]ボタンをクリックします。なお、とくに[元とするセット]がない場合は、[デフォルト]のままでかまいません。

4 [キーボードショートカット]ダイアログに戻るので、新しくショートカットを設定したい項目を選択します。ここでは、[元の位置にペースト]コマンドにショートカットを設定してみます。[機能エリア]に[編集メニュー]を選択し❶、[コマンド:]に[元の位置にペースト]を選択したら❷、[新規ショートカット]フィールドをクリックしてキャレットを表示します❸。

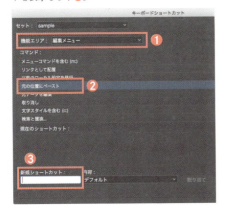

5 実際に適用したいショートカットのキーを押します。ここでは[Ctrl]と[F]を押して入力し❶、[割り当て]ボタンをクリックしました❷。なお、[新規ショートカット]フィールドの下に[割り当てなし]と表示された場合、そのショートカットは使用可能であることをあらわします。[現在の割り当て:]として、他のコマンドが表示された場合には、そのショートカットは使用できません。

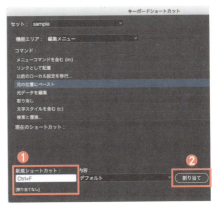

6 入力したショートカットが設定されるので、[OK]ボタンをクリックして、ダイアログを閉じます。

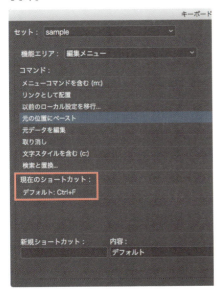

7 目的のコマンドに対して、ショートカットが設定されます。

(Point)

[キーボードショートカット]ダイアログの[セットを表示]ボタンをクリックすると、テキストエディタでショートカットの一覧が表示されます。現在、どのようなショートカットが設定されているかを確認する際に実行すると良いでしょう。なお、1つのコマンドに対して、ショートカットは複数設定が可能です。

Part 5 ── ドキュメント・ファイルの効率ワザ

お気に入りのパネルの表示を素早く呼び出したい

ワークスペースを保存する

Adobeのアプリケーションには、自分が作業しやすいよう、各パネルの表示・非表示や位置を記憶して、いつでも呼び出すことのできるワークスペースの機能が用意されています。とくに限られたウィンドウスペースで作業する場合には、必須ともいえる機能です。

1 ワークスペースとして、パネルの表示・非表示や位置を記憶させるためには、まず記憶させたいパネルの状態にします。

2 [ウィンドウ]メニューから[ワークスペース]→[新規ワークスペース]を選択します。

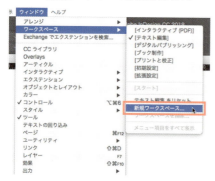

(Point)

ワークスペースには、メニューをカスタマイズした状態も記憶させることができます。[編集]メニューから[メニュー]を選択することで、[メニューのカスタマイズ]ダイアログが表示され、設定を変更できます。

3 [新規ワークスペース]ダイアログが表示されるので、[名前]を入力し❶、[OK]ボタンをクリックします。なお、[パネルの位置]と[メニューのカスタマイズ]をワークスペースとして記憶させるかどうかを指定できます❷。

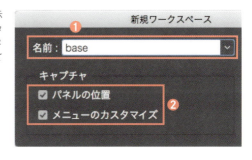

4 記憶されたワークスペースは、[ウィンドウ]メニューの[ワークスペース]、あるいはアプリケーションバーの右側に表示されるポップアップメニューから、いつでも選択して、保存時の状態に切り替えることができます。

5 なお、パネル等を動かしてしまった場合には、[ウィンドウ]メニューから[ワークスペース]→[(ワークスペース名)をリセット]を選択することで、保存時のワークスペースの状態に戻すことができます。

[Point]
不要となったワークスペースを削除したい場合には、[ウィンドウ]メニューから[ワークスペース]→[ワークスペースを削除]を選択します。

Part 5　ドキュメント・ファイルの効率ワザ

等間隔にガイドを引きたい

ガイドを作成の機能を利用する

定規からドラッグすることで作成する定規ガイドはよく使用されますが、ガイドを等間隔で作成する機能があることは意外と知られていません。InDesignでは、グリッドデザイン等を行う際に有効な、等間隔のガイドを一気に作成できます。

1 まず、[レイアウト]メニューから[ガイドを作成]を選択します。

2 [ガイドを作成]ダイアログが表示されるので、[行]や[列]の[数]と[間隔]に目的の値を入力し❶、[オプション]の[ページ]を選択した状態で❷、[OK]ボタンをクリックします。なお、[プレビュー]にチェックを入れておくと、どのようなガイドが作成されるかを実行前に確認できます。

[Point]

[ガイドを作成]ダイアログを設定する際に、[既存の定規ガイドを削除]にチェックを入れておくと、すでに作成済みの定規ガイドを削除して、新規にガイドを作成することができます。

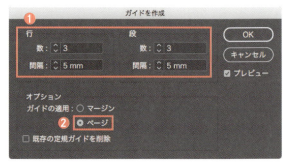

3 ページを基準として、指定した値で等間隔に分割されるガイドが作成されます。

4 今度は、[ガイドを作成]ダイアログで[オプション]の[マージン]を選択した状態でガイドを作成してみましょう。すると、ページではなく、マージンを基準として、等間隔に分割されるガイドが作成されます。

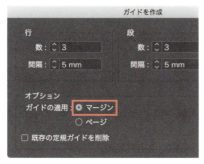

Part 5　ドキュメント・ファイルの効率ワザ

見開きからページをスタートしたい

[ドキュメントページの移動を許可をオフにする]

InDesignで見開きからスタートするためには、偶数ノンブルから始める必要があります。しかし、奇数ノンブルから始めて、見開きからスタートしたいといったイレギュラーなケースも存在します。そのような場合、[ドキュメントページの移動を許可] コマンドをオフにします。

1 InDesignで見開きからスタートしたい場合、最初のページのページ番号（ノンブル）を偶数にします。[新規ドキュメント]ダイアログで[開始ページ番号]に偶数を入力するか❶、あるいは[ページ番号とセクションの設定]ダイアログで最初のページのページ番号を偶数に設定します❷。

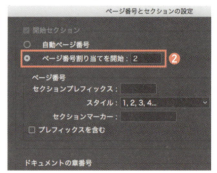

2 すると、ページは見開きの状態からスタートします。

(Point)

InDesignでは、左開きでは右ページが奇数ページ、右開きでは左ページが奇数ページになる仕様となっています。本来、ノンブル（ページ番号）の付け方としてはこれで正しいのですが、このままではイレギュラーなケース（左開きで、右ページが偶数ページ等）に対応できません。

3. しかし、[新規セクション]ダイアログで、最初のページのページ番号を奇数に設定してしまうと❶、片ページからスタートしてしまいます❷。

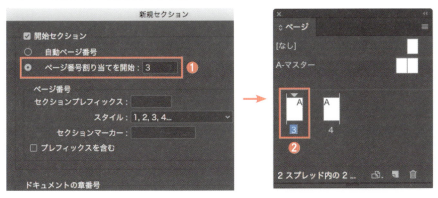

4. そこで、手順を1つ戻り、[ページ]パネルのパネルメニューから❶、[ドキュメントページの移動を許可]をオンからオフに変更します(デフォルトではオンになっています)❷。これにより、最初のページのページ番号を奇数に設定しても、見開きが固定されたままスタートすることができます❸。

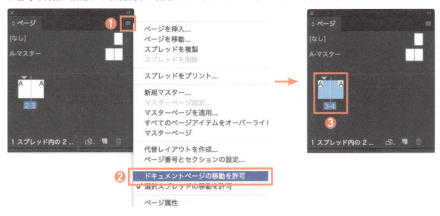

見開きを固定する方法は、目的の見開きを選択した状態で[ページ]パネルのパネルメニューから[選択スプレッドの移動を許可]をオフにすることでも実現できます。ただし、この方法の場合、固定した見開き以外は本来の仕様でページの左右が決まるため注意が必要です。なお、[選択スプレッドの移動を許可]をオフにして固定したスプレッドには、[ ]付きでページ番号が表示されます。

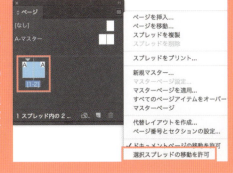

Part 5　ドキュメント・ファイルの効率ワザ

よく使うPDFの書き出し設定を保存したい

PDF書き出しプリセットを作成する

PDFを書き出す場合、仕事の内容や出力先に応じて書き出しの設定も変える必要が出てきますが、そのつど設定を変更していては手間がかかってしまいます。そんな時は、よく使う設定をプリセットとして登録しておくと便利です。

1 PDF書き出しプリセットを作成するためには、まず、[ファイル]メニューから[書き出しプリセット]→[定義]を選択します。

2 [PDF書き出しプリセット]ダイアログが表示されるので、[新規]ボタンをクリックします。

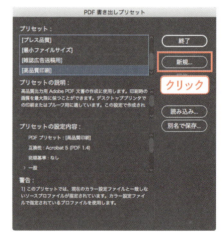

3 [新規PDF書き出しプリセット]ダイアログが表示されるので、[プリセット名]を入力し❶、目的に応じて各項目を設定します。まず最初に、[標準]❷と[互換性]❸を指定してから、他の項目を設定していくと良いでしょう。

4 目的に応じて他の項目を設定していきます。図では、[一般]❶[圧縮]❷[トンボと裁ち落とし]❸[色分解]❹の各カテゴリーを設定して、[OK]ボタンをクリックしました。

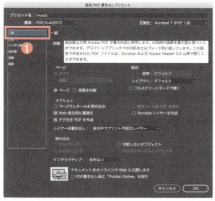

5 [PDF書き出しプリセット]ダイアログに戻ります。適切にプリセットが保存されていることを確認したら❶、[終了]ボタンをクリックしてダイアログを閉じます❷。

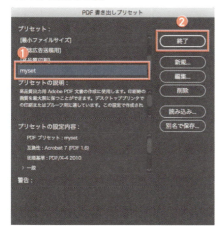

6 このプリセットを使って、実際にPDFを書き出す際には、[書き出しプリセット]→[(自分が作成したプリセット名)]を選択すればOKです。

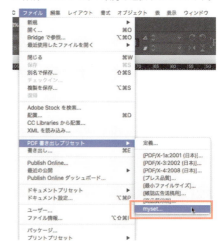

Part 5　ドキュメント・ファイルの効率ワザ

Tip 55

エラーになっている箇所を素早く探したい

⬇

［ プリフライトでチェックする ］

InDesignにはプリフライトという機能が用意されており、ドキュメントに何か問題がないかどうかをチェックしてくれます。とはいえ、デフォルトの設定ではチェックされる内容も少なく、実務では使えないため、目的に応じたプロファイルを作成する必要があります。

1 ドキュメントを開いた状態で、ウィンドウ左下を確認すると、赤い丸印とエラーの数が表示される場合があります。InDesignでは、ドキュメントに問題がないかどうかを常にチェックしてくれており、問題があると教えてくれます。まず、このエラーが表示された部分をダブルクリックします。

2 ［プリフライト］パネルが表示され、エラーに関する詳細を確認できます。図では、オーバーセットテキストが1箇所あるのが分かります。

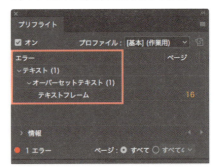

3 ［情報］を展開すると、エラーの詳細な内容が確認できます。図では、文字が15文字あふれているのが確認できます❶。そこで、このエラー項目の名前部分をダブルクリックします❷。

4 すると、エラーの箇所が選択された状態で表示されるので、文字あふれを解消します。

164

5 エラーを修正したことにより、[プリフライト]パネルのエラー表示が消え、緑色の丸印に[エラーなし]と表示されます。

6 しかし、InDesignのデフォルト設定でチェックできるのは、ごく一部のエラーだけです。このままでは実務では使えないので、仕事の内容に応じたプロファイルを作成する必要があります。そこで、[プリフライト]パネルのパネルメニューから❶、[プロファイルを定義]を選択します❷。

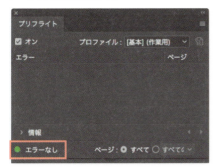

7 [プリフライトプロファイル]ダイアログが表示されるので、左下の「＋」ボタンをクリックして新規でプロファイルを作成します。「＋」ボタンをクリックすると❶、名前が入力可能になるので、任意の名前を入力します❷。

8 次に目的に応じて各項目を設定していきます。ここでは、まず[使用を許可しないカラースペースおよびカラーモード]の[RGB]と[特色][Lab]にチェックを入れました❶。こうすることで、ドキュメントにRGBや特色、Labモードのオブジェクトがあるとチェックしてくれます。さらに、[白または[紙]色に適用されたオーバープリント]もオンにしました❷。こうすることで、白や紙色にオーバープリントが適用されているオブジェクトをチェックできます。このように、目的に応じて各項目を設定していくわけです。なお、プロファイルは仕事の内容に応じて複数作成しておくと良いでしょう。

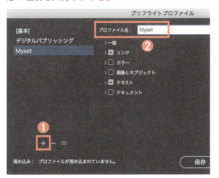

9 さらに、[画像解像度]も指定しました。図では、カラー画像、グレースケール画像、1ビット画像のそれぞれに対して最小解像度を指定しました。指定した値より解像度が低い画像をチェックしてくれるわけです。

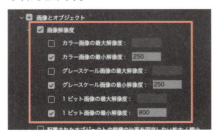

10 次に[最小線幅]を設定しました。図のように設定すると、0.09mm以下の線があった場合にチェックしてくれます。設定を終えたら[OK]ボタンをクリックしてダイアログを閉じます。

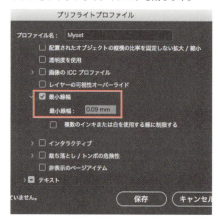

11 [プリフライト]ダイアログに戻るので、[プロファイル]に自分で新しく作成したプロファイル(図ではMyset)を指定します❶。すると、新たにエラー項目が表示されます。より厳しい内容でチェックしたため、新しくエラーがリストアップされたわけです。問題点を修正する必要があるため、まず、[カラースペースが許可されていません]と表示されている項目をダブルクリックします❷。

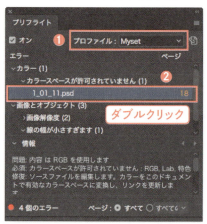

12 エラーのある箇所にジャンプするので、エラーを修正します。ここでは、画像のカラーモードをCMYKに変換します。

13 エラーを1つ改善したことで、エラーの数が減ります。同様の手順で、画像解像度に問題がある画像2点と線の幅が小さすぎる長方形オブジェクトを修正します。

14 エラーがすべて改善されると、緑色の丸印に[エラーなし]と表示されます。これで、問題点をすべて修正することができました。

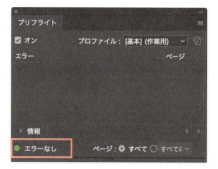

Part 5　ドキュメント・ファイルの効率ワザ

リンクしたファイルをすべて収集したい

↓

パッケージを実行する

InDesignにはパッケージという機能があり、ドキュメントに配置してるリンク画像や欧文フォントを収集して1つのフォルダにまとめてくれます。データ入稿の際には必須ともいえる機能ですので、印刷会社に入稿する際には必ずパッケージを実行しましょう。

1 パッケージを実行したいドキュメントを開いた状態で、[ファイル]メニューから[パッケージ]を実行します。

(Point)
パッケージは、プリフライトを実行してドキュメントに問題がないかどうかを必ずチェックしてから実行しましょう。

2 [パッケージ]ダイアログが表示されるので、問題がないかどうかを確認し、問題がなければ[パッケージ]ボタンをクリックします。

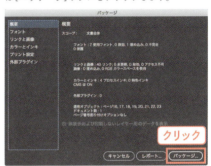

(Point)
問題がある場合、[パッケージ]ダイアログに図のような警告アイコンが表示されます。

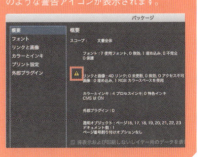

3️⃣ [印刷の指示]ダイアログが表示されるので、各項目を入力し、[続行]ボタンをクリックします。この情報は入稿先の担当者が確認する情報になるので、きちんと記入しておきましょう。

4️⃣ [パッケージ]ダイアログが表示されるので、[名前]❶や[保存場所]❷を指定して[パッケージ]ボタンをクリックします。なお、目的に応じて各オプション項目を設定しておきます❸。

5️⃣ [警告]ダイアログが表示されるので、内容を確認して[OK]ボタンをクリックします。

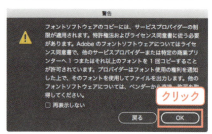

(Point)

[パッケージ]ダイアログのオプションの上3つの項目はオンの状態にしておきましょう(デフォルトではオン)。他の項目は、目的に応じて選択してください。なお、CC 2014からは[IDMLを含める]と[PDF(印刷)を含める]が追加され、オンにすることでIDMLやPDFも書き出すことができます。

6️⃣ 指定した場所にファイルがパッケージされます。なお、パッケージされるのは、InDesignドキュメント(.indd)とリンクしている画像(Links)、使用している欧文フォントとAdobeの日本語フォント(Document fonts)、そして出力仕様書です。なお、Typekitフォントは収集されませんが、データを渡す先がCreative Cloudユーザーであれば、ドキュメントを開いた際にフォントを自動的に同期できるので、問題ありません。

(Point)

収集される画像は、InDesignにリンクしている画像のみです。InDesignにリンクしている画像にさらにリンクしている画像(孫画像)は収集されないので注意が必要です。

Part 5　ドキュメント・ファイルの効率ワザ

Tip 57

ドキュメントをオンラインで公開したい

⇩

Publish Onlineを実行する

InDesignで作成したドキュメントは、レイアウトやフォントもそのままの状態でWeb上にオンラインで公開できます。これにより、クライアントにブラウザ上で校正をしてもらうことが可能となりました。また、ブラウザ上で確認してもらうだけでなく、PDFをダウンロードしてもらうことも可能です。

1 オンラインで公開したいドキュメントを開いた状態で、[ファイル]メニューから[Publish Online]を実行します。

2 [ドキュメントをオンラインで公開]ダイアログが表示されるので、まず[一般]タブを設定します。[新規ドキュメントを公開]するのか、[既存ドキュメントを更新]するのかのいずれかを選択し❷、[タイトル]や[説明]を入力します❸。公開する[ページ]の範囲を指定し❹、[単一]が[スプレッド]かを選択します❺。なお、閲覧者にPDFのダウンロードも可能にする場合には[閲覧者がドキュメントをPDF（印刷）としてダウンロードすることを許可]をオンにします❻。また、公開済みドキュメントの「共有」オプションと「埋め込み」オプションを非表示にすることもできます❼。

3 　[詳細]タブに切り替え❶、カバーのサムネール画像を指定したら❷、書き出す画像の形式や解像度を指定します❸。また、PDFのダウンロードを可能にする場合には、書き出すPDFのプリセットを指定します❹。設定が終わったら[公開]ボタンをクリックします❺。

4 　自動的にドキュメントがアップロードされるので、アップロードが完了したら、[コピー]ボタンを押してURLをコピーし❶、[閉じる]ボタンをクリックします❷。あとは、このURLを閲覧者に連絡すればOKです。

5 　コピーしたURLをブラウザで開くと、InDesignドキュメントの見た目そのままの状態でドキュメントが公開されているのを確認できます。なお、ウィンドウ右下の[Download PDF]ボタンをクリックすると、このドキュメントのPDFをダウンロードすることができます。閲覧者にプリントしたものを確認してもらいたい場合には、このボタンをクリックするよう連絡すると良いでしょう。

オンラインに公開したドキュメントを確認する

1 なお、オンラインで公開しているドキュメントの詳細を確認したい場合には、[ファイル]メニューから[Publish Onlineダッシュボード]を実行します。

2 ブラウザが立ち上がり、オンラインで公開しているすべてのドキュメントの詳細が確認できます。このウィンドウでは、ドキュメントの管理はもちろん、閲覧数や閲覧時間等も確認できます。

(Point)

ブラウザで表示したオンラインドキュメントは、PDFのダウンロードはもちろん、ズームインやズームアウト、SNSへのシェアも可能です。

Part 5　ドキュメント・ファイルの効率ワザ

Tip 58

分割して作成したドキュメントを一括管理したい

ブック機能で管理する

ページ数の多いドキュメントは、いくつかに分けて作業した方が動作も軽くなり効率的です。このような場合、複数のドキュメントをブック機能でまとめることで、あたかも一冊の本のように扱うことができます。ノンブルの管理やプリント、書き出しもまとめて実行できます。

1 ブック機能でドキュメントを管理するためには、まず［ファイル］メニューから［新規］→［ブック］を実行します。

2 ［新規ブック］ダイアログが表示されるので、［名前］を入力し❶、保存する［場所］を指定したら❷、［保存］ボタンをクリックします❸。

3 すると、指定した場所に拡張子「.indb」のファイルが作成され、指定した名前の［ブック］パネル（図ではJitan）が表示されます。次に、管理するドキュメントをブックパネルに登録するため、［ドキュメントを追加］ボタンをクリックします。なお、パネル上に登録したいドキュメントをドロップしてもかまいません。

Jitan.indb

4 ［ドキュメントを追加］ダイアログが表示されるので、登録するドキュメントを選択して❶、［開く］ボタンをクリックします❷。

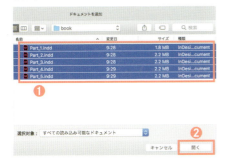

5 ［ブック］パネルに管理するドキュメントが追加されます。なお、右側の数字は、とおしのページ番号（ノンブル）をあらわしており、各ドキュメント名をダブルクリックすれば、そのドキュメントを開くことができます。

(Point)

ドキュメント「Part_1」の左側のアイコンは、このブックのベースとなる「スタイルソース」をあらわしており、それぞれのドキュメントを同期した際の基準となるドキュメントとなります。スタイルソースは、目的のドキュメントの左側をクリックすることで変更できます。

6 なお、［ブック］パネルに登録した各ドキュメントは、さまざまな設定を同期（コピー）することができます。例えば、「Part_2」のドキュメントの設定を「Part_1」に合わせたいのであれば、「Part_2」を選択した状態で❶、パネルメニューから❷、［同期オプション］を選択します❸。

7 ［同期オプション］ダイアログが表示されるので、設定を同じにしたい項目を選んで［同期］ボタンをクリックすれば、選択していた項目がスタイルソースのドキュメント（ここではPart_1）と同じ設定になります。

8 また、ページ番号も統一して管理できます。各ドキュメントにページ数の増減があれば、自動的にページ番号も更新されますし、図のようにドキュメントの順番を変更すれば❶、ドキュメントの並び順に応じてページ番号も変更されます❷。

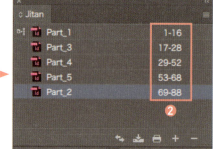

9 ブックのページ番号をどのように運用するかは、パネルメニューから❶、[ブックのページ番号設定]を実行することで❷、変更できます。

10 [ブックのページ番号設定]ダイアログが表示されるので、目的に応じて設定を変更し❶、[OK]ボタンをクリックします❷。

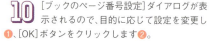
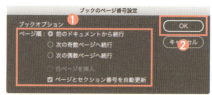

(Point)

ブックファイルは、InDesignドキュメントとは別の独立したファイルです。そのため、内容に変更等があった場合には、[ブック]パネル上で[ブックの保存]を実行します。

(Point)

[ブック]パネルのドキュメントに図のようなアイコンが表示されるケースがあります。それぞれ、次のような意味になります。
❶現在、開いているドキュメント
❷ブックを閉じている時に内容が変更されたドキュメント
❸リンクが切れているドキュメント

Part 5 　ドキュメント・ファイルの効率ワザ

Tip
59

更新可能な目次を作成したい

⬇

目次機能を利用する

目次を作成する場合、別途テキストを用意して作成するのではなく、InDesignの目次機能を使用することで、ページの増減や目次テキストの修正にも対応した、更新可能な目次を作成できます。

目次を作成する前に準備すること

まず、どのような書式の目次を作成したいかをサンプルテキストで作成しておくのがお勧めです。ここでは、図のような目次を作成しましたが、タブ組みでタブ文字にはドット（.）を指定してあります。また、目次用に「目次CONTENTS」「目次A」「目次B」という3つの段落スタイルを作成し、さらにタブ文字には「リーダー」という名前で文字スタイルを適用しています。この文字スタイルでは、フォントとサイズ、ベースラインシフトを指定しており、ドットが文字の真ん中にくるようにしています。

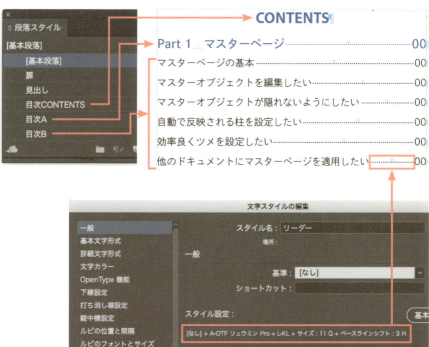

1 では、実際に目次を作成していきましょう。まず、[レイアウト]メニューから[目次]を選択します。

2 [目次]ダイアログが表示されるので、まず[タイトル]に目次の最初に表示するタイトル用の文字を入力します。ここでは「CONTENTS」と入力し❶、[スタイル]には実際にこのテキストに適用する段落スタイル(ここでは「目次CONTENTS」)を指定します❷。

【 Point 】

目次として使用するテキストには、すべて同じ段落スタイルが適用されている必要があります。つまり、InDesignの目次機能は、任意の段落スタイルが適用された文字列を引っ張ってきて、目次テキストとして使用するというわけです。

3 [その他のスタイル]にドキュメント内の段落スタイルがすべて表示されるので、目次として使用する段落スタイル(ここでは「扉」)を選択して❶、[追加]ボタンをクリックします❷。すると、その段落スタイルが[段落スタイルを含む]に移動します❸。続けて、ダイアログ右側の[詳細設定]ボタンをクリックします。

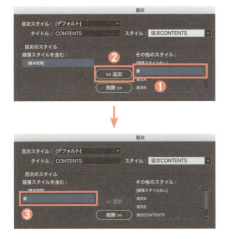

4 [段落スタイルを含む]の「扉」を選択した状態で❶、このテキストに適用する段落スタイルを[項目スタイル]に指定します❷(ここでは「目次A」)。さらに、[項目と番号間]の▶をクリックして[タブ]を選択し❸(デフォルトではタブが指定されています)、[スタイル]にはタブに対して適用する文字スタイル(ここでは「リーダー」)を指定します❹。

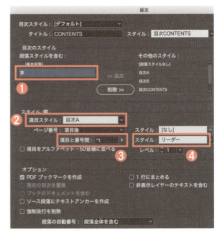

5 同様の手順で段落スタイル「見出し」を[段落スタイルを含む]欄に移動し❶、[項目スタイル]❷と[項目と番号間]❸、[スタイル]❹を指定します。ここでは、[項目スタイル]を[目次B]、[項目と番号間]を[タブ]、[スタイル]を[リーダー]としました。

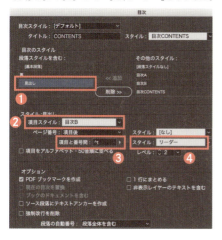

6 [OK]ボタンをクリックすると、目次テキストが配置可能になるので、目的の場所に配置します。すると、段落スタイルと文字スタイルが適用された状態で配置できます。

7 なお、ページの増減や目次テキストの変更があった場合には、目次のテキスト内をクリックしてキャレットを表示させて、[レイアウト]メニューから[目次の更新]を実行します。

8 [情報]ダイアログが表示されるので、[OK]ボタンをクリックすると、目次が更新されます。

Part 5　ドキュメント・ファイルの効率ワザ

更新可能な索引を作成したい

索引機能を利用する

索引も目次同様、別途用意したテキストから作成するのではなく、InDesignの索引機能を利用することで、更新可能な索引が作成できます。索引として抽出したい文字列は、[索引]パネルを利用することで登録でき、スタイルの設定をはじめ、ページ番号の表示等、詳細にコントロールが可能です。

1. 索引の設定をするために、まず、[ウィンドウ]メニューから[書式と表]→[索引]を選択し、[索引]パネルを表示します。

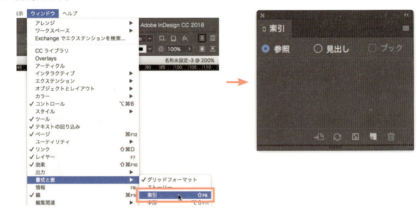

2. 文字ツールで索引として登録したい文字列を選択し❶、[索引]パネルの[新規索引項目を作成]ボタンをクリックします❷。

3. 選択していた文字列が[索引項目]❶として読み込まれた状態で[新規ページ参照]ダイアログが表示されるので、[読み]を入力し❷、[参照形式]が[現在のページ]になっていることを確認して❸、[OK]ボタンをクリックします。なお、[索引項目]の文字列を含むすべてのページを索引項目として追加したい場合には[すべて追加]ボタンをクリックします。

(Point)
[読み]は、アルファベットやひらがな、カタカナの場合には、入力する必要はありません。ただし、漢字とカタカナが混在するようなケースでは、正確にソートさせるためにも、きちんと入力するようにしましょう。

(Point)
[すべて追加]ボタンをクリックする場合、選択している文字列によっては思わぬ文字列を追加する場合もあるので、確認しながら作業しましょう。例えば、「コンマ」という語句で[すべて追加]を実行すると、「パソコンマニア」という語句にも検索マーカが付けられてしまいます。

4. 選択していた文字列が[索引]パネルに追加されます。

5. 同様の手順を繰り返し、必要な文字列を索引項目として追加していきます。

6. 索引項目として追加し終わったら、[索引]パネルの[索引の作成]ボタンをクリックして索引を作成します。

7 [索引の作成]ダイアログが表示されるので、[タイトル]を入力して❶、[OK]ボタンをクリックします❷。なお、[詳細設定]ボタンをクリックすることで❸、さらに詳細な索引の設定も可能です。

8 索引テキストが配置可能になるので、目的の場所に配置します。なお、[段落スタイル]パネルには、索引テキストに使用される段落スタイルが追加されています。

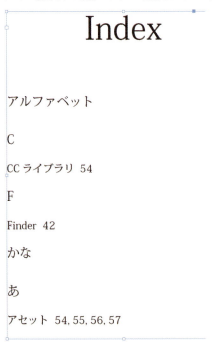

Point

索引項目として登録したテキストには[索引マーカ]が追加されます。[索引]パネルでページ参照を選択して、[選択したマーカへ]ボタンをクリックすると、目的のマーカへジャンプします。なお、索引マーカは、[書式]メニューの[制御文字を表示]を実行していないと目視で確認できないので注意してください。また、索引マーカは、選択して削除することも可能です。

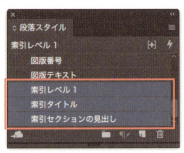

9. 各段落スタイルの中身を編集し（索引テキストの書式を変更し、[段落スタイル]パネルで[スタイル再定義]を実行します）、索引の見栄えを整えればできあがりです。

(Point)

[索引]パネルのパネルメニューから[ソートオプション]を選択して、[ソートオプション]ダイアログを表示させることで、索引をどのようにソートするかを指定できます。デフォルトでは、記号、数字、アルファベット、かなの順でソートされますが、各項目を索引に含めるかどうかや、ソートする順序を変更できます。索引に含めるかどうかは左側のチェックボックスで、ソートする順序はダイアログ右下の▲▼ボタンをクリックして変更できます。より上位にある項目から先にソートされます。

Part 5　ドキュメント・ファイルの効率ワザ

複数のデザイン案を1つのドキュメントで素早く作成したい

代替レイアウトの機能を利用する

代替レイアウトの機能を使用することで、1つのドキュメント内に複数のレイアウトを作成することができます。一般的に、縦置と横置きのレイアウトが必要なデジタルマガジン用のデータを作成する場合に使用される機能ですが、同じサイズでデザイン案を複数作成するような場合にも有効です。

直しにも強い複数のデザイン案を作成する

1 図のようにデザインしたドキュメントを基に、同じドキュメント内に異なるレイアウトを作成してみます。なお、テキストにはそれぞれ「タイトル」「ナンバー」「リード」という名前の3つの段落スタイルを適用してあります。

[Point]

代替レイアウトの機能を利用する場合、すべてのテキストに段落スタイルを設定しておくようにしましょう。後に修正が発生した際に、直しに強いデータとして運用することができます。

2 まず、このレイアウトに名前を付けておきます。[ページ]パネルのパネルメニュー❶から[ページの表示]→[代替レイアウト表示]を選択します❷。

3 [ページ]パネルの表示が変わり、このレイアウトに名前を設定できるようになります。ここでは、「A4縦」と表示された名前をクリックして❶、「design1」に変更しました❷。

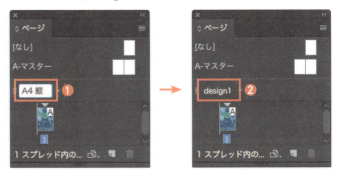

4 次に、異なるレイアウトを作成するために、[レイアウト]メニューから[代替レイアウトを作成]を選択します。なお、このコマンドは[ページ]パネルからも実行できます。

5 すると、[代替レイアウトを作成]ダイアログが表示されるので、[名前]を入力したら❶、[ページサイズ]や[方向]を指定し❷、[OK]ボタンをクリックします。ここでは、元のレイアウトと同じ「A4」で縦方向のレイアウトを作成しました。なお、[オプション]はすべてオンのままにしておきます❸。

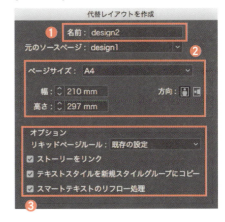

6 元のデザインと同じレイアウト「design2」が作成されます❶。[ページ]パネルを確認すると、新しいページが追加され❷、そのページに適用されるマスターページも自動的にコピーされています❸。また、段落スタイルもグループ化され、コピーされていることが確認できます❹。

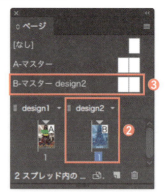

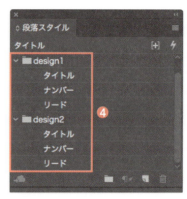

7 また、[リンク]パネルには、画像だけでなくテキストオブジェクトもリンクされているのが確認できます。

8 では、「design2」のデザインを変更してみましょう。ここでは、図のようなレイアウトに変更しました。

> **(Point)**
> 新しいレイアウトのテキストを新しい書式に変更した際には、必ず[スタイルの再定義](p.133参照)を実行して、段落スタイルのオーバーライドを消去しておくようにします(p.143参照)。

複数のデザイン案をまとめて修正する

1 テキストに修正が入ったとします。ここでは、「design1」のテキストを「Christmas Festival」から「Christmas Party」に変更します❶。すると、「design2」のテキストには警告マークが表示されます❷。なお、プレビューモードやフレーム枠が非表示になっていると、警告マークは確認できないので注意してください([リンク]パネルでは確認できます)。

2 この警告マークをクリックすると、図のようなアラートが表示されますが、気にせず[はい]をクリックします。

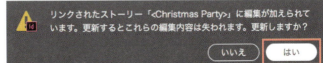

3 テキストが更新され、自動的に「Christmas Party」に修正されます。このように、代替レイアウトの機能を利用していると、複数のレイアウトの修正を素早く終えることができます。

4 今度は、画像を差し替えてみましょう。[リンク]パネルで差し替えたい画像の親を選択し❶、パネルメニューから❷、[「画像名」のすべてのインスタンスを再リンク]を実行します❸。

5 [再リンク]ダイアログが表示されるので、目的の画像を選択して❶、[開く]ボタンをクリックします❷。

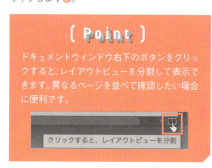

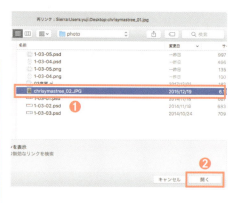

(Point)

ドキュメントウィンドウ右下のボタンをクリックすると、レイアウトビューを分割して表示できます。異なるページを並べて確認したい場合に便利です。

6 複数のレイアウトに配置していた画像がすべて差し替わります。

用語索引

↓ 英数字

2倍ダーシ	107
Adobe InDesignコンポーネント情報	148
Adobe InDesignタグ書き出しオプション	145
Adobe InDesignタグ付きテキスト	144
CCライブラリ	49,51,52
Excel	102
Glee for InDesign	151
IDML	153
InDesignについて	148
kakomiCS5.jsx	115
Karabiner	138
Microsoft Word読み込みオプション	143
OpenTypeフォント	93
PDF書き出しプリセット	162
Publish Online	169
Publish Onlineダッシュボード	171
Typekit	113
Unicode番号	107
Wordのスタイル	142

↓ あ

アタリ画像	44
アプリケーションデフォルト	149
アンカー付きオブジェクト	54,56
一括管理	172
移動を許可	160
印刷の指示	168
引用符	109
インライン	56
エラー	164
欧文	81,117
欧文組版	117
欧文ベースライン	118
オーバーライド	18
オブジェクトスタイルオプション	133
オブジェクト	36,46,49,51,52,65,132
オブジェクトスタイル	87,132,136
オブジェクトスタイルオプション	137
オブジェクトのシェイプで回り込む	77
オブジェクトを挟んで回り込む	77
オプティカル	94
オンラインで公開	169,171

↓ か

カーニング	94
オプティカル	94
メトリクス	95
和文等幅	96
開始ページ番号	160
ガイド	158
下位バージョン	153
囲み罫	58,115
角丸長方形	34,59
カラー	28,30,32
カラースペースが許可されていません	166
カラーテーマオプション	66
カラーテーマツール	65
カラーをサンプリング	65
キーボード操作	138
キーボードショートカット	154
キャプション	42,43
キャプション設定	42
行送りの基準位置	118
境界線ボックスで回り込む	76
境界線を挿入	60
共同利用	53
共有	52
共有者を招待	53
均等詰め	93
グリッド揃え	69,70
グリッドフォーマット	79,80
グループワーク	52
罫線の太さ	30
現在のCCライブラリにこのテーマを追加	66
現在のページ番号	12
検索オブジェクト形式オプション	31
検索と置換	30,139
検索文字列	140
合成フォント	81
このテーマをスウォッチに追加	66

187

コンテンツ収集ツール	46		選択範囲のオーバーライドを消去	143
コンテンツ配置ツール	46		先頭文字スタイル	122,124
コンベヤー	46		ソートオプション	181

↓さ / ↓た

最小線幅	166		ダーシ	107
サイズと位置オプション	135		代替レイアウト	182
索引	178,180		タグ付きテキストを読み込む	144
索引マーカ	180		ダッシュ	107
作成したバージョン	151		縦組み	110
字間	97		タブ区切りテキスト	101
指定した属性を消去	141		段間	37
自動サイズ調整	86,136,137		段落	61,63,64,68
自動調整	41		段落境界線	58
自動ページ番号	16		段落スタイル	120
ジャスティフィケーション	92		段落スタイルの編集	120,123,138
上位互換	153		段落先頭	122
使用を許可しない			段落の囲み罫と背景色	61
カラースペースおよびカラーモード	165		段落の背景色	64
ショートカット	138,154		段落パネル	68
書式の設定	71,79		置換オブジェクト形式オプション	31
新規PDF書き出しプリセット	162		置換形式の設定	140
新規グリッドフォーマット	79		長方形	58
新規合成フォント	81		次のスタイル	120
新規索引項目を作成	178		次の段へテキストを送る	77
新規ドキュメントプリセット	150		ツメ	22
新規特例文字セット	83		テキスト	54,59,60,101
新規ワークスペース	156,157		テキスト差し替え	101
スウォッチ	28		テキストの回り込み	76
スウォッチの読み込み	149		テキストの回り込みを無視	78
数字の間隔スペース	105		テキストフレーム	54,56,74,84,86,134,136
スクリプト	98		自動サイズ調整	88,136
スタイルマッピング	143		設定	72,78,86,118
スタイル読み込みをカスタマイズ	143		連結	98,100
スタイルを適用する			テキスト変数	20
検索と置換で適用する	139		テキスト変数を編集	21
ショートカットで適用する	138		テキストを流し込む	144
先頭文字スタイルを適用する	122		テキストをペースト	101,102
スマートテキスト	89		デザイン案	182,185
スマートテキストのリフロー処理	90		手詰めする	97
正規表現スタイル	128,131		同期オプション	173
制御文字の表示	106		等幅全角字形	109
セクションマーカー	14,16		ドキュメント	148,169
セル	101		ドキュメントデフォルト	149
線	34		ドキュメントヒストリー	148
線種	35		ドキュメントプリセット	150

ドキュメントページの移動を許可	160
ドキュメントをオンラインで公開	169
特例文字セット	83
特例文字	82
トラッキング	92
ドロップキャップと先頭文字スタイル	123,125
ドロップシャドウ	33

↓ な・は

ノンブル	12
バージョン	148
背景オブジェクト	58,60,63
背景オブジェクトを作成	61
背景色	58
画像のカラー	65
ハイフネーション設定	118
柱	14,20
パスオブジェクト	132
パッケージ	167
パネル	156
日付	105
表	101
ファイル形式	148
ファイルをすべて収集	167
フォルダに再リンク	44
フォント	81,107,111
フォントメニュー	112
ブック機能	172
ブックのページ番号設定	174
ブックパネル	172
プライマリテキストフレーム	89
プリセット	150
プリフライトパネル	164
フレーム	135
フレーム間／列間で段落が分割する場合は囲み罫を表示	63
フレームグリッド	68,71,79
フレームグリッド設定	69,93
フレームグリッドの字間をマイナスに設定する	93
フレーム調整オプション	40
フレームを内容に合わせる	84
フレームに均等に流し込む	39
プレーンテキストフレーム	68
プロファイルを定義	165
プロポーショナル詰め	93,95
プロポーショナルメトリクス	93
分割して作成したドキュメント	172
分離禁止文字	107
ペアカーニング	95
ページパネル	184
ページ番号	12
ページ番号とセクションの設定	13,15,160
ページを自動的に増減	89
ベースラインシフト	55

↓ ま

マーキング	139
マスターオブジェクトを編集	18
マスターページ	12,17,25
マルチプルマスターページ	22
回り込みの解除	78
見開き	160
見開きを固定	161
メトリクス	94
目次	175
目次の更新	177
文字の基本	68
文字間隔	92
文字クラス	107
文字スタイル	128
文字ツメ	94
文字詰め	92
文字パネル	68
文字前(後)のアキ量	97

↓ や・ら・わ

横組み	109
ライブキャプション	42
ライブラリパネル	49
リフロー処理	89
リンクしたファイル	167
リンクパネル	42,44
レイアウトグリッド	79
レイアウトグリッド設定	37
レイヤー	19
連結	74
連結したテキストフレーム	98
ワークスペースを削除	157
ワークスペースを保存	156
枠囲み	60
和文等幅	94,96

目的引き索引

↓ 英数字

1行の段落に背景オブジェクトを作成する	61
2倍ダーシを美しく組む	107
CCライブラリを使用する	49,52
Excelのテキストをペーストする	102
Glee for InDesignを使用する	151
IDMLに書き出す	153
kakomiCS5.jsxを使用する	115
PDF書き出しプリセットを作成する	162
Publish Onlineを実行する	169
Typekitで目的のフォントを探す	113
WordのスタイルをInDesignのスタイルに置換して読み込む	142
Wordのスタイルをマッピングして読み込む	142

↓ あ

アタリ画像を一気に差し替えたい	44
アンカー付きオブジェクトを設定する	54,56
引用符を思い通りに組む	109
エラーになっている箇所を探す	164
欧文と日本語で異なるフォントを適用する	81
欧文を組版用に設定を変更する	117
オーバーライドする	18
オブジェクト	
一気に作成する	36
角丸長方形を作成する	59
作成する	61
修正する	51
長方形を作成する	58
等間隔で分割しながら描画する	36
複製する	46,49
見栄えをまとめてコントロールする	132
枠囲みを作成する	60
オブジェクトスタイルの機能を利用する	132
オプティカルを設定する	94
オンラインに公開したドキュメントを確認する	171

↓ か

カーニングを設定する	94
ガイドを作成の機能を利用する	158
下位バージョンのInDesignでファイルを開けるようにする	153
画像を同じサイズで一気に配置する	38
画像をフレームにフィットさせながら配置する	40
角丸長方形を線で表現する	34
可変するテキストフレームを実現する	136
カラーテーマツールを使用する	65
カラーをサンプリングしてオブジェクトに適用する	65
カラーを変更する	28,30,32
キーボードショートカットを作成する	154
キーボード操作で一気にスタイルを適用する	138
キャプションを設定・作成する	42,43
行の高さが変わった場合の修正方法	55
均等詰め[トラッキング]を設定する	92
均等詰めを設定する	93
グリッドフォーマットを複数作成して運用する	79
グループワークで使用するオブジェクトを共有する	52
罫線の太さを変更する	30
[検索と置換]を使って変更する	30,139
合成フォントを使用する	81
異なるマスターページを適用する	17

↓ さ

索引を作成する	178
作成したバージョンでInDesignを起動する	151
サンプリングしたカラーをテキストに適用する	66
字間を手動で詰める	97
条件に応じて自動的に文字スタイルを適用する	128
条件に応じて文字を詰める	92
ショートカットを設定する	138,154
書式の異なるフレームグリッドを使い分ける	79
新規で線種を作成して適用する	35
スウォッチのカラーを変更する	28
[数字の間隔]スペースを使用する	105
スクリプトを利用する	98
スタイルが適用された状態でテキストを流し込む	144
スタイルを適用する	139
すべてのテキストフレームの連結を解除する	100
スマートテキストのリフロー処理の機能を使用する	89
正確な角丸を作成する	34
正規表現スタイルで文字スタイルを適用する	128
正規表現スタイルの例	131
セルを選択してテキストをペーストする	101
選択したテキストフレームの連結を解除する	98
先頭文字スタイルを1つだけ設定する	122
先頭文字スタイルを複数設定する	124
線を使用して角丸長方形を作成する	34

↓ た

代替レイアウトの機能を利用する	182
タグ付きテキストを読み込む	144
縦組み用の引用符を作成する	110
タブ区切りテキストをペーストする	101
段落境界線の機能を使用する	58
段落先頭から任意の文字まで自動で文字スタイルを適用する	122
段落スタイルを一気にテキストに適用する	120
段落の囲み罫と背景色の機能を使用する	61
次のスタイルの機能を利用する	120
ツメの設定	22
テキストに連動して動くオブジェクトを作成する	54
テキストの回り込みを設定する	76
[テキストの回り込みを無視]を設定する	78
テキストの量に応じてテキストフレームを可変させる	86
テキストの量に応じてページを自動的に増減する	89
テキストフレーム	
自動サイズ調整を使用する	86,136
テキストがぴったり収まるサイズにする	84
連結する	74
テキストフレーム設定を利用する	72
テキスト量に応じて可変する背景オブジェクトを作成する	58
テキストを差し替える	101
デザイン案を作成する	182
デザイン案をまとめて修正する	185
手詰めする	97
等間隔にガイドを引きたい	158
等幅全角字形を適用する	109
ドキュメント作成後にリフロー処理の機能を設定する	90
ドキュメントページの移動を許可をオフにする	160
ドキュメントをオンラインで公開する	169
ドロップシャドウを変更する	33

↓ な・は

ノンブルを作成する	12
配置画像のカラーをオブジェクトに適用する	65
柱を作成する	14
柱の文言を変更する	15
柱を自動生成	20
パッケージを実行する	167
パネルの表示を呼び出す	156
日付などの数字の桁数を揃える	105
表中テキストを差し替える	101

ファイル形式とバージョン	148
フォルダに再リンクの機能を利用する	44
フォントメニューから類似フォントを探す	112
フォントやUnicode番号による違いを理解して組む	107
フォントを探する	111
複数行の段落に背景オブジェクトを作成する	63
複数の画像に一気にキャプションを設定する	42
ブック機能で管理する	172
プリセットを活用する	150
プリフライトでチェックする	164
フレームグリッドで書式を設定する	71
フレーム調整オプションを設定しておく	40
[フレームを内容に合わせる]を実行する	84
フレームの位置やサイズをコントロールする	135
プロポーショナルメトリクスを設定する	93
分割して作成したドキュメントを一括管理する	172
ペアカーニング	95

↓ ま・や・ら・わ

マスターオブジェクトを編集する	18
マスターオブジェクトをレイヤー管理する	19
マスターページ	
追加する	16
作成する	12
適用する	25
読み込みを実行する	25
マスターページをページとして追加する	17
回り込みを解除する	78
見開きからページをスタートする	160
見開きを固定する	161
メトリクスを設定する	95
目次機能を利用する	175
目次を作成する	175
文字ツメを設定する	94
文字に対して囲み罫を設定する	115
目的に応じてさまざまな文字詰め機能を使用する	92
よく使うPDFの書き出し設定を保存する	162
横組み用の引用符を作成する	109
ライブキャプションを作成する	43
リフロー処理の機能を設定する	89
リンクしたファイルをすべて収集する	167
類似フォントを表示する	111
連結したテキストフレームをバラバラにする	98
ワークスペースを保存する	156
和文等幅を設定する	96

森裕司

Mori Yuji

名古屋で活動するフリーランスのデザイナー。Webサイト『InDesignの勉強部屋』や、名古屋で活動するDTP関連の方を対象にスキルアップや交流を目的とした勉強会・懇親会を行う『DTPの勉強部屋』を主催。InDesignの書籍をはじめとするDTP関連の著書も多く、テクニカルライターとしても30冊以上の著書がある。また、Adobeサイト内にも数多く寄稿しており、現在、閲覧可能な『YUJIが指南、今こそInDesignを使いこなそう』も執筆担当。

［アートディレクション＆デザイン］
藤井 耕志(Re:D Co.)

［レイアウト］
森 裕司(有限会社ザッツ)

［編集］
最上谷 栄美子

超時短InDesign

超時短InDesign
「文字組み＆レイアウト」
速攻アップ！

2018年 2月2日　初版　第1刷発行

［著　者］　森裕司
［発行者］　片岡　巖
［発行所］　株式会社技術評論社
　　　　　東京都新宿区市谷左内町21-13
　　　　　電話 03-3513-6150　販売促進部
　　　　　　　 03-3267-2272　書籍編集部
［印刷／製本］　図書印刷株式会社

定価はカバーに表示してあります。
本書の一部または全部を著作権の定める範囲を越え、無断で複写、複製、転載、データ化することを禁じます。

©2018　森裕司

造本には細心の注意を払っておりますが、万一、乱丁（ページの乱れ）や落丁（ページの抜け）がございましたら、小社販売促進部までお送りください。送料小社負担でお取り替えいたします。

ISBN978-4-7741-9552-0　C3055
Printed in Japan

お問い合わせに関しまして

本書に関するご質問については、下記の宛先にFAXもしくは弊社Webサイトから、必ず該当ページを明記のうえお送りください。電話によるご質問および本書の内容と関係のないご質問につきましては、お答えできかねます。あらかじめ以上のことをご了承の上、お問い合わせください。なお、ご質問の際に記載いただいた個人情報は質問の返答以外の目的には使用いたしません。また、質問の返答後は速やかに削除させていただきます。

宛先:〒162-0846
東京都新宿区市谷左内町21-13
株式会社技術評論社　書籍編集部
『超時短InDesign
「文字組み＆レイアウト」速攻アップ！』係
FAX:03-3267-2269
技術評論社Webサイト
http://gihyo.jp/book/